U0187827

本丛书名由中国科学院院士母国光先生题写

光学与光子学丛书

《光学与光子学丛书》编委会

主　编　周炳琨

副主编　郭光灿　龚旗煌　朱健强

编　委　(按姓氏拼音排序)

陈家璧　高志山　贺安之　姜会林　李淳飞
廖宁放　刘　旭　刘智深　陆　卫　吕乃光
吕志伟　梅　霆　倪国强　饶瑞中　宋菲君
苏显渝　孙雨南　魏志义　相里斌　徐　雷
宣　丽　杨怀江　杨坤涛　郁道银　袁小聪
张存林　张书练　张卫平　张雨东　赵建林
赵　卫　朱晓农

光学与光子学丛书

高等光学成像理论

Advanced Optical Imaging Theory

〔澳〕 顾　敏(Min Gu)　著

孙明宇　李保莉　王杨云逗　方心远　译

张启明 等　校

科学出版社

北　京

图字：01-2022-0124 号

内 容 简 介

光学显微术及相关技术由于激光技术的引进获得快速发展，促使了光学成像理论在空间域与频域的三维显微成像理论、超短脉冲成像理论、高数值孔径物镜像差理论等方面的进步。本书涉及描述棱镜光学成像系统的理论与原理，包括衍射理论、点扩散函数、传递函数分析、超短脉冲光束成像、高数值孔径物镜成像、有像差成像等，并对现代光学显微术中所需的新理论进行介绍。

本书适用于光电子学、光学工程、生物光子学、应用物理学等专业高年级本科生，建议他们在学习过现代光学或相关课程后阅读本书。同时，本书也可供相关领域研究人员阅读。

First published in English under the title
Advanced Optical Imaging Theory
by Min Gu
Copyright © Springer-Verlag Berlin Heidelberg, 2000
This edition has been translated and published under licence from
Springer-Verlag GmbH, part of Springer Nature.

图书在版编目（CIP）数据

高等光学成像理论/(澳)顾敏著；孙明宇等译. —北京：科学出版社, 2023.3
(光学与光子学丛书)
书名原文: Advanced Optical Imaging Theory
ISBN 978-7-03-074941-3

I. ①高… II. ①顾… ②孙… III. ①光学-成像 IV. ①O435.2

中国国家版本馆 CIP 数据核字(2023)第 033586 号

责任编辑：刘凤娟 郭学雯 / 责任校对：樊雅琼
责任印制：吴兆东 / 封面设计：无极书装

科学出版社出版
北京东黄城根北街 16 号
邮政编码：100717
http://www.sciencep.com
北京建宏印刷有限公司印刷
科学出版社发行 各地新华书店经销
*
2023 年 3 月第 一 版 开本：720×1000 1/16
2024 年 8 月第三次印刷 印张：11
字数：216 000
定价：89.00 元
（如有印装质量问题，我社负责调换）

中 译 本 序

近年来，光学显微术及相关技术得到了快速发展，促进了光学成像理论的进步，包括空间域和频域的三维显微成像理论、超短脉冲成像理论、高数值孔径物镜像差理论等。本译书原版 *Advanced Optical Imaging Theory* 由 Springer 出版社于 2000 年出版，本书以澳大利亚维多利亚理工大学应用物理学院 (1998 年初成为传媒学院的一部分) 所教授本科课程《光物理学》与《高等光学成像理论》中使用的两套讲义为基础，详细而系统地介绍了成像领域的衍射光学理论。原书出版 23 年来，书中内容给国内外广大光学领域师生带来了很大的启发与指导，深受广大读者好评。多位国内读者建议将原书翻译成中文版以便于国内读者阅读。

近年来，为了抢抓新工科的发展机遇，上海理工大学致力于推进多学科的交叉融合。上海理工大学光子芯片研究院的目标是探索利用光学手段实现人工智能应用的可能性，在学校的大力支持，以及团队成员的努力下，开展了一系列研究工作。关于光学成像原理基础理论的理解对研究工作的开展具有重要意义。

因此，我们在原版基础上出版中文译本《高等光学成像理论》。本书适用于学习光电子学、光学工程、光子学、生物光子学和应用物理学等课程的高年级本科生、研究生。建议他们在完成一门现代光学或相似课程后再来学习本书中的知识。本书也可供从事光学相关研究领域的科研人员参考。

在译版的完成过程中很多人提供了很大帮助。我要感谢上海理工大学对本书出版给予的支持与帮助。感谢上海理工大学光子芯片研究院各位老师在本书译稿和校稿过程中的努力，包括孙明宇、李保莉、王杨云逗、方心远老师对各章节的翻译，以及张启明、陈希、栾海涛、林剑、张轶楠等老师对本书译稿的审校修改。感谢罗先刚院士和孙洪波教授在本书出版过程中的帮助与推荐。同时，本书是总结作者在大学从事教学和研究活动的成果，我要感谢那些帮助原版成书的现在的和曾经的学生与同事。此外，我还要感谢我的家人，感谢他们对我工作的理解和支持。

顾敏

2023 年，于上海

原 书 前 言

由于引进了激光和激光技术，光学显微术及相关技术得到了快速发展。这些发展促进了光学成像理论在各方面的进步，包括：空间域和频域的三维显微成像理论、超短脉冲成像理论、高数值孔径物镜像差理论。本书将对这些现代光学显微术中所需的新理论进行介绍。

本书描述了涉及棱镜光学成像系统的理论和原理。它来源于维多利亚理工大学应用物理学院 (1998 年初成为传媒学院的一部分) 本科课程《光物理学》与《高等光学成像理论》中使用的两套讲义。第一个课程《光物理学》课程旨在面向三年级的本科生，介绍光衍射理论、傅里叶光学和全息理论。第二个课程《高等光学成像理论》旨在向从事光学技术领域研究的高年级本科生介绍高等光学成像理论，特别是包括激光扫描共聚焦显微镜、近场显微镜、激光光镊和三维光信息存储在内的现代光学显微术领域。

本书适用于学习光电子学、光学工程、光子学、生物光子学和应用物理学等课程的高年级本科生。建议他们在完成一门现代光学或相似课程后学习书中的知识。本书也可作为对现代光学显微成像感兴趣的科学家的参考书。

很多人在我完成本书的过程中提供了很大帮助。我要感谢我的学生和同事，感谢他们给本书提出的意见和建议。本书第 3 章和第 4 章的初稿是我在 1998 年 1 月访问日本大阪大学期间完成的。我要感谢 Satoshi Kawata 教授和 Osamu Nakamura 教授的盛情款待，以及日本科学促进会对我此次访问的支持。特别感谢 Xiasong Gan 博士帮助我重新制作了第 2 章和第 5 章中的部分密度图。我还要感谢许多给予我帮助的现在的和曾经的博士生以及优秀的学生。其中，Daniel Day 先生帮我输入了书中第 6 章和第 7 章的部分章节。他和 Puchun Ke、Damian Bird、Dru Morrish、Djenan Ganic 等诸位先生一起花了大量时间对这本书的手稿进行校对。本书是我在大学从事正常的教学和研究活动期间完成的。因此，我不得不花更少的时间在我的家人身上。为此，我非常感谢我的妻子 Yunshan、儿子 Henry 以及我的父母，感谢他们对我的理解和支持。没有他们的支持，我不可能完成本书。

顾敏

1999 年，于墨尔本

目　　录

第 1 章 引　　言

透镜或显微镜物镜是光学成像系统或光学显微镜中的基本光学成像元件。透镜或透镜组的成像性能可以用几何光学来描述。然而，几何光学的预测无法描述光学成像系统的分辨能力。对光学成像系统分辨能力的认知在许多光学成像系统的应用中是非常重要和关键的。要了解透镜或光学成像系统的成像质量，必须使用基于光的衍射特性的波动光学。有许多优秀的书籍使用衍射理论描述了透镜的成像特性 [1.1-1.3]。然而，透镜的光学成像理论在过去十年中得到了迅速的发展。1.1 节总结光学成像理论的一些最新进展，1.2 节给出本书的内容概述。

1.1　光学成像理论的最新进展

自从激光发明以来，光学显微术发生了巨大的变化。现代光学显微术已经成为一种多维度技术；它不仅可以提供被检样品的高分辨空间信息，还可以提供时间的、光谱的以及其他的物理性质。激光扫描共聚焦显微术是现代光学显微术的重要进展之一 [1.4,1.5]。在共聚焦扫描显微镜下，样品被一个受衍射限制的光斑照亮，来自照亮光斑的信号由一个被小针孔遮挡的探测器收集。在空间对样品进行扫描时，关于样品的信息图可以被记录在计算机里。根据瑞利标准，共聚焦显微镜的横向分辨率提高了 1.4 倍 [1.4,1.5]。共聚焦显微镜的主要优势是它的三维 (3D) 成像特性。因此，对具有一定厚度的样品进行成像目前已经成为可能，然而用传统光学显微镜对厚样品进行的成像是模糊不清的。为了了解共聚焦显微镜的成像性能，透镜的三维成像理论 (包括三维传递函数的概念) 在近期逐渐发展起来 [1.5]。

超短脉冲激光束由一系列时间宽度范围从几飞秒到几皮秒的光脉冲组成 ($1\text{fs} = 10^{-3}\text{ps} = 10^{-15}\text{s}$)。光学显微镜中超短脉冲激光束的引入使得光学显微术具有时间分辨性。这项新技术被证明是有优势的，因为它提供了显微镜下样品的动态信息 (如寿命)。共聚焦显微镜和超短脉冲激光束的结合产生了四维光学显微镜。更重要的是，超短脉冲激光束的高峰值功率可以激发样品中的非线性辐射。若将样品的非线性辐射成像在显微镜下，其图像不仅可以显示样品的超分辨结构，还可以提供新奇的对比机制。这种技术称为非线性光学显微术，已成为生物学研究的一种重要工具，双光子荧光显微术就是其中一种 [1.6]。由于超短脉冲激光束的宽波长范围，由透镜或物镜引起的材料色散是不容忽视的，所以像差透镜的成像理论被发展起来，以处理超短脉冲激光束在显微成像中引起的效应 [1.5]。

尽管共聚焦显微镜提供了比传统光学显微镜更好的分辨率，但是，其横向和轴向的分辨率都不能超过光的衍射效应所造成的极限。这些光学显微镜存在有限分辨率，其物理原因在于它们工作在远场区域，在远场区，光的衍射效应完全决定了光的分布，而且只有传播的光波成分可以存在。事实上，当一束光照亮一个被检样品时，光的非传播部分和传播部分都产生了。被称为倏逝波的非传播部分由尺寸小于照明光波长的精细结构产生，它仅能传播几个波长的距离，然后就迅速衰减了。因此，携带结构变化大于波长信息的传播成分被物镜采集，形成物体的远场图像。这种图像只能展示出在照明波长范围的结构变化。如果非传播的成分被成像，得到的图像可以具有不受衍射效应限制的高分辨率。这种方法称为近场扫描光学显微术，在过去的几年里已经被成功地开发 [1.7]。

在这项新技术中，一根比照明光波长小得多的探针被引入样品上方，在此区域可以探测到倏逝波。制造小探针的方法之一是将单模光纤进行拉锥。另一种近场探针是基于激光捕获 (激光光镊) 技术 [1.8]，在激光捕获中，尺寸小于照明波长的小颗粒被困在高数值孔径物镜的焦点上。由被捕获粒子产生的散射信号随着倏逝波被成像。粒子上捕获力的大小和分布取决于光束在高数值孔径物镜焦区的衍射图案。因此，准确地了解高数值孔径物镜聚焦区的光场分布信息至关重要。

高数值孔径物镜也是获得高分辨率所必需的。由于高数值孔径产生较大的收敛角，聚焦过程中的去极化效应、切趾效应和像差效应变得明显。特别是当激光束被高数值孔径物镜聚焦后进入厚介质时，由于介质折射率与浸液折射率的不匹配，会产生强烈的球面像差。这种像差会导致光在焦区分布的展宽，从而明显降低共聚焦显微成像的轴向分辨率，降低三维光学数据存储的数据密度，减小激光光镊的捕获力。利用最新发展的高数值孔径物镜成像理论可以很好地理解高数值孔径物镜在焦区的性能，并设计各种球面像差补偿方法。

以上所有提及的透镜光学成像理论的新进展都是很重要的，但是并没有被经典的成像理论完全覆盖 [1.1,1.2]。本书旨在系统地介绍这些用于现代光学显微术的新理论。

1.2　本书内容概述

本书的章节安排以尽可能减少交叉引用为目的。在介绍每一种新成像理论时，它与经典成像理论的关系都有介绍。本书含引言在内共 7 章。下面的简要大纲提供了第 2~7 章的内容概述。

第 2 章首先介绍了光的衍射理论。特别地给出了整本书的数学和物理基础：基尔霍夫 (Kirchhoff) 衍射公式和瑞利–索末菲 (Rayleigh-Sommerfeld) 衍射公式。然后介绍了这些公式的两个有用的近似形式：德拜近似和傍轴近似。因为菲涅耳

(Fresnel) 衍射在光学成像系统中扮演着重要的角色，所以给出了由不同孔径 (圆形，环形，锯齿和“甜甜圈”) 产生的菲涅耳衍射模式。“甜甜圈”孔径是指当光束通过孔径时，光束在孔径中心附近产生的相位变化为 2π 的整数倍。这样的光束在传播轴上产生一个黑点，因此称为“甜甜圈”光束。“甜甜圈”光束在激光光镊中起着重要的作用，因为在给定功率下，“甜甜圈”形光束可以产生比普通光束更强的捕获力。在边缘上有特定图案的锯齿孔径可以产生显微镜所需的均匀菲涅耳衍射图案。本章给出的公式和结果对于后面几章的讨论是非常必要的。

第 3 章给出了傍轴近似下薄透镜的三维图像形成。本章使用的方法基于透镜的三维点扩散函数 (point spread function, PSF)，它是一个单点物体的图像。本章描述了单薄透镜由圆形、环形和“甜甜圈”形光瞳函数产生的三维衍射图案。如上所述，在激光光镊中，由“甜甜圈”光束照射的透镜焦点附近的光分布是至关重要的。本章详细介绍了三维相干和非相干成像过程的理论。本章还讨论了单薄透镜点扩散函数的三维空间不变性。

第 4 章利用传递函数方法进一步讨论了单透镜的三维图像形成。整个章节仍然假定为近轴近似。本章首先介绍了三维传递函数的概念。然后描述了单透镜相干和非相干成像过程中三维相干传递函数 (coherent transfer function, CTF) 和光学传递函数 (optical transfer function, OTF) 的推导方法。特别地，证明了三维传递函数与二维传递函数之间的关系。本章还给出了周期方波光栅的图像，说明了相干和非相干成像过程的区别。最后介绍了空间滤波的原理。

第 5 章是对第 3 章中关于透镜在超短脉冲光束下成像性能讨论的总结。在简要介绍超短脉冲激光的产生后，本章讨论了超短脉冲激光的时间特性和光谱特性。本章研究了超短脉冲光束由圆孔、圆屏和锯齿孔产生的菲涅耳衍射。本章的衍射图案便于与第 2 章的结果进行比较。然后，本章重点讨论了材料色散对透镜成像性能的影响。本章还讨论了三维点扩散函数和三维传递函数。

第 6 章研究了数值孔径较大时物镜的成像特性。高数值孔径物镜成像有三种相关效应。它们分别是切趾效应、去极化效应和球面像差效应。本章只考虑前两种效应。为此，详细介绍了德拜衍射理论。本章利用德拜理论研究了多种切趾函数及其对三维点扩散函数和三维传递函数的影响。在讨论高数值孔径物镜产生的去极化效应时引入了矢量德拜理论。本章分别提供了均匀介质和多层结构在高数值孔径物镜焦区的衍射公式。

第 7 章的主题是像差对物镜成像性能的影响。首先，第 6 章推导的德拜衍射公式被推广到透镜存在像差的普遍情况。本章介绍了一种扩展像差函数的方法，并在此基础上定义了初级像差。本章给出了初级像差的容忍条件以及衍射焦点附近相应的衍射图案。本章的最后详细讨论了由高数值孔径物镜引起的两个球面像差来源。第一个球面像差源是由厚样品与其浸入材料的折射率不匹配引起的。当物镜被紧聚焦在一个厚样品上，或者显微物镜的盖玻片使用不当时，就会发生这种情况。第二个高数值孔径物镜球面像差来源于物镜管长的变化。管长是指一个物体和它的像之间的距离。物镜通常被设计成在特定的管长下工作，这样像差效应最小。但是，如果物镜的使用管长与设计值不同，球面像差就会产生。这两种像差对成像性能的影响随着物镜数值孔径的增加变得更加明显。

参 考 文 献

[1.1] M. Born and E. Wolf, *Principles of Optics* (Pergamon, New York, 1980).

[1.2] J. W. Goodman, *Introduction to Fourier Optics* (McGraw-Hill, New York, 1968).

[1.3] J. Stamnes, *Waves in Focal Regions* (Adam Hilgar, Bristal, 1986).

[1.4] T. Wilson and C. J. R. Sheppard, *Theory and Practice of Scanning Optical Microscopy* (Academic, London, 1984).

[1.5] M. Gu, *Principles of Three-dimensional Imaging in Confocal Microscopes* (World Scientific, Singapore, 1996).

[1.6] S. Hell, *Nonlinear Optical Microscopy, special issue in Bioimaging*, 4 (1996) 121.

[1.7] M. Paesler and P. Moyer, *Near-Field Optics: Theory, Instrumentation, and Applications* (J. Wiley, New York, 1996).

[1.8] S.M. Block, *Nature*, 360 (1992) 493.

第 2 章　衍射理论

为了了解成像能力，如不同光学成像系统的分辨率，我们有必要研究光波的衍射特性。在本章，不同衍射理论将会被讨论。其中，对衍射方程的发展历史感兴趣的读者，可以参考文献 [2.1] 和 [2.2]。在 2.1 节中，我们将利用惠更斯–菲涅耳原理定性地描述衍射问题。在 2.2 节和 2.3 节中，我们将基于基尔霍夫和瑞利–索末菲衍射理论定性地描述衍射问题。在 2.4 节中，我们将讨论适用于光学成像系统的衍射方程傍轴近似。最后，在 2.5 节中，我们将描述和讨论成像系统中，不同形状的孔径 (如圆孔、圆屏、锯齿及“甜甜圈”等) 产生的衍射图样。

2.1　惠更斯–菲涅耳原理

光在传播过程中由于受到透明或非透明的几何结构的阻碍，发生偏离几何光学预测的现象称为光的衍射现象。光的衍射是光的波动性的体现。

2.1.1　衍射的描述

在开始复杂的衍射理论的学习之前，我们先来回顾一下惠更斯原理：

(1) 球形波面上的每一点 (面源) 都是一个次级球面波的子波源；

(2) 此后每一时刻的子波波面的包络就是该时刻总的波动的波面；

(3) 子波的波速与频率等于初级波的波速和频率。

惠更斯原理可以用来定性地解释光的衍射现象。然而，惠更斯原理并不能够用来解释衍射过程中的具体原理，如波前振幅 (amplitude) 的分布。此后，菲涅耳将光的干涉理论加入惠更斯原理，这便是著名的惠更斯–菲涅耳原理 (Huygens-Fresnel principle)。具体包括：

(1) 球形波面上的每一点 (面源) 都是一个次级球面波的子波源；

(2) 此后每一时刻的子波波面的包络就是该时刻总的波动的波面；

(3) 子波的波速和频率等于初级波的波速和频率；

(4) 后续每一个点的振幅都是各子波的振幅的叠加 (图 2.1.1)。

根据惠更斯–菲涅耳原理，光的衍射更多被考虑为球面波的叠加，而非平面波的叠加。这一原理简要及定性地描述了光的衍射现象，然而，仍然需要进一步修正以满足更多的公式关系 (见 2.2 节和 2.3 节)。显然，上述惠更斯–菲涅耳原理

(4) 在解释衍射图样上具有非常重要的作用。需要指出的是，当我们的光波长接近于零的时候，也就是 $\lambda \to 0$，衍射的效果将会消失。

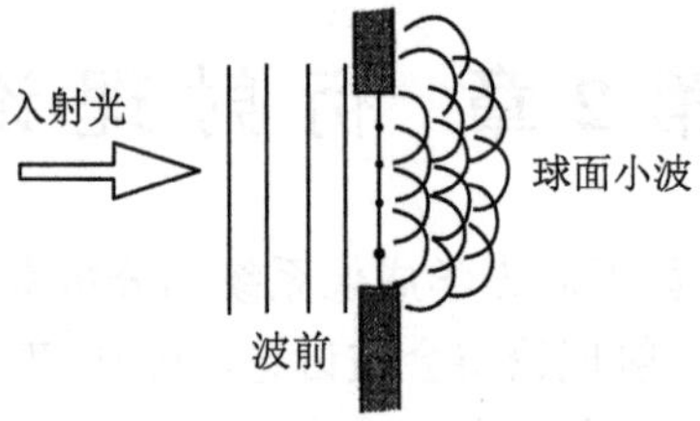

图 2.1.1　惠更斯–菲涅耳原理：次级波前可看作早先波前上各球面子波源的叠加

2.1.2　夫琅禾费与菲涅耳衍射

根据惠更斯–菲涅耳原理，对于特定的圆孔来说，其光束的衍射图样依赖于圆孔到达观察平面的距离。让我们考虑一个不透明的屏幕 Σ (图 2.1.2)，其中包含一个小孔，被平面波照射。观察屏幕 σ 上的衍射图样，会发现其随着孔径到达观察屏幕距离 d 的改变而改变。这些图样可以定性地分为三种类型。

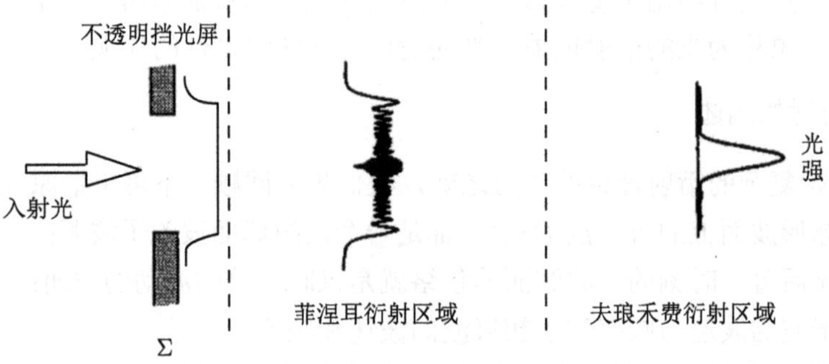

图 2.1.2　菲涅耳与夫琅禾费衍射区域

(1) 当 d 非常小，也就是观察屏幕 σ 接近于不透明屏幕 Σ 时，衍射图样几乎可以看成是孔径在屏幕上的投影，伴随在其外围存在的轻微条纹。

(2) 当距离 d 增大时，屏幕区域的衍射图样表现为：① 条纹变得更加明显，② 衍射图样随着距离 d 增加而变化，以及 ③ 观察屏幕 σ 上的相位变化呈现非线性特点 (我们将在 2.5 节详细讨论这一性质)。这一区域的衍射称为菲涅耳衍射。

(3) 当 d 变得非常大，也就是说观察屏幕远离我们的小孔时，区域内的衍射图样表现出：① 衍射图样的结构并不发生变化，仅出现尺寸的改变，② 在观察屏幕 σ 上，相位的变化表现出线性的特点 (详细请见 2.5 节的讨论)。我们将这种区域内的衍射称为夫琅禾费衍射，或者远场衍射。根据实际情况下的粗略估计，夫

琅禾费衍射发生在当 d 满足

$$d > \frac{a^2}{\lambda} \tag{2.1.1}$$

时，其中 a 是小孔最大的宽度，而λ 是入射光波的波长。事实上，夫琅禾费衍射的图样可以通过透镜观察得到 (详细请见 3.2 节)。图 2.1.2 给出了上述三个区域的衍射图样。

2.1.3 惠更斯–菲涅耳原理的数学表达

通常，观察平面上的衍射图样均基于惠更斯–菲涅耳原理获得，并表现出通过小孔 Σ 产生的波前的贡献。据此，我们可以考虑一个位于小孔中心 P_1 点处的微元 $\mathrm{d}S$ (图 2.1.3)。对于球面波前上的区域微元 $\mathrm{d}S$ 在观察平面 σ 上 P_2 点处的影响可表示为

$$U(P_1)\frac{\exp(-\mathrm{i}kr)}{r}\mathrm{d}S$$

其中，$U(P_1)$ 是入射光在 P_1 点处的强度；r 是 P_1 点到达 P_2 点的距离；因子 $\exp(-\mathrm{i}kr)/r$ 表示 P_1 点处的球面波。

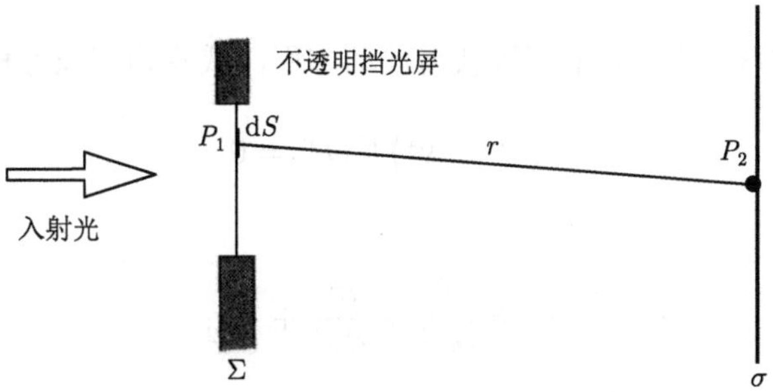

图 2.1.3　根据惠更斯–菲涅耳原理小孔处产生的球面波前

如果微元 $\mathrm{d}S$ 无限小，P_2 点处波的振幅可以表示为与孔径区域相关的积分：

$$U(P_2) = C\iint\limits_{\Sigma}\frac{\exp(-\mathrm{i}kr)}{r}U(P_1)\mathrm{d}S \tag{2.1.2}$$

其中，C 是常数，并遵循能量守恒原理。式 (2.1.2) 是惠更斯–菲涅耳原理的数学表达，可用于计算一定距离位置上小孔的衍射图样。正如本章后续将讨论的内容，式 (2.1.2) 并不是严格正确，但是可以给出一个 (关于衍射效果的) 较好的预测。更多更加精确的衍射方程将会在 2.2 节和 2.3 节中进行推导，但通常出于如下原因，它们并不是那么重要：

(1) 它们并没有考虑到光透过小孔产生的效果会因为观察平面的出现而改变；

(2) 矢量效应往往被忽略。

2.2　基尔霍夫标量衍射理论

惠更斯–菲涅耳原理提供了一个关于光的衍射的定性表述，而通过麦克斯韦方程推导得出波动方程，我们可以获得关于光的衍射现象的更加严谨的理论。在这一节，我们仅讨论标量波动方程。关于矢量衍射理论的描述将在第 6 章展开。

2.2.1　格林函数

我们将上述讨论中点 P 处的单色光光场随时间 t 的变化定义为 $\widetilde{U}(P,t)$：

$$\widetilde{U}(P,t)=U(P)\cos[2\pi f_{\mathrm{v}}t+\Phi(P)] \tag{2.2.1}$$

其中，f_{v} 表示光波的频率；$\Phi(P)$ 表示光波在点 P 处的相位；$U(P)$ 表示光的空间变化。相应地，式 (2.2.1) 可由一个复变函数来表示

$$\widetilde{U}(P,t)=\mathrm{Re}\left\{U(P)\exp[\mathrm{i}2\pi f_{\mathrm{v}}t+\mathrm{i}\Phi(P)]\right\} \tag{2.2.2}$$

根据麦克斯韦方程 [2.1]，我们可以获得波动方程，或亥姆霍兹方程：

$$\left(\nabla^2+k^2\right)U(P)=0 \tag{2.2.3}$$

其中，

$$\nabla^2=\frac{\partial^2}{\partial x^2}+\frac{\partial^2}{\partial y^2}+\frac{\partial^2}{\partial z^2} \tag{2.2.4}$$

而 k 为波数，定义为

$$k=\frac{2\pi}{\lambda}=\frac{2\pi f_{\mathrm{v}}\widetilde{n}}{c} \tag{2.2.5}$$

此处 $\widetilde{n}$ 是光传播介质的折射率。

为了求解式 (2.2.3)，我们可以利用所谓格林理论 [2.1,2.2]。让我们考虑满足式 (2.2.3) 光场分布的两个解 U、U'，这样我们可以获得

$$\iint\limits_{S}\left(U'\frac{\partial U}{\partial n}-U\frac{\partial U'}{\partial n}\right)\mathrm{d}S=0 \tag{2.2.6}$$

其中，S 表示一个封闭的表面；n 表示垂直于表面 S 的单位矢量 (图 2.2.1)。式 (2.2.6) 即为格林定理的结果，其中 U 和 U' 需满足在 S 面上一阶和二阶偏

微分连续。因此，通过选择合适的格林函数 U'，我们可以获得 S 面上任意点 P 处的光场分布的解 U。

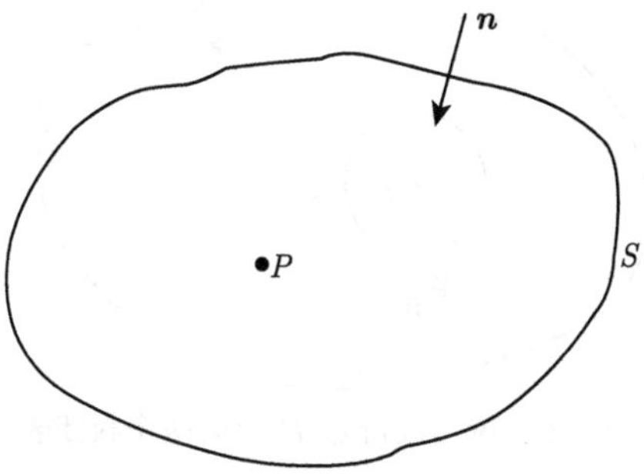

图 2.2.1 一个包含点 P 的封闭表面

2.2.2 基尔霍夫衍射积分

为了获得任意点 P 处光场分布的解 U，我们考虑将 P 置于封闭表面内 (图 2.2.1)。在此情形下，基尔霍夫假设格林函数需满足 [2.1,2.2]：

$$U'(P_1) = \frac{\exp(-\mathrm{i}kr)}{r} \tag{2.2.7}$$

该式表示在点 P 处产生的球面波，在任意点 P_1 处观察到的结果。r 是点 P 到 P_1 的距离。显然，这一方程满足亥姆霍兹方程在非奇点 (r=0) 处的结果。

考虑距离奇点 (也就是图 2.2.2 中的点 P) 半径为 ε 的一个很小的球面 S_ε。图 2.2.2 给出了式 (2.2.6) 中的封闭表面，包括 S 和 S_ε。将 S 和 S_ε 代入式 (2.2.6)：

$$\iint\limits_S \left(U'\frac{\partial U}{\partial n} - U\frac{\partial U'}{\partial n}\right)\mathrm{d}S = -\iint\limits_{S_\varepsilon} \left(U'\frac{\partial U}{\partial n} - U\frac{\partial U'}{\partial n}\right)\mathrm{d}S \tag{2.2.8}$$

在$\varepsilon \to 0$ 的条件下，式 (2.2.8) 右侧积分可改写为

$$\iint\limits_{S_\varepsilon} \left(U'\frac{\partial U}{\partial n} - U\frac{\partial U'}{\partial n}\right)\mathrm{d}S = 4\pi U(P) \tag{2.2.9}$$

这样，结合式 (2.2.7)、式 (2.2.8) 以及式 (2.2.9)，我们可以获得

$$U(P) = \frac{1}{4\pi}\iint\limits_S \left[U\frac{\partial}{\partial n}\left(\frac{\exp(-\mathrm{i}kr)}{r}\right) - \frac{\exp(-\mathrm{i}kr)}{r}\frac{\partial U}{\partial n}\right]\mathrm{d}S \tag{2.2.10}$$

即为基尔霍夫衍射积分。这也是亥姆霍兹方程关于 P 点处光场的严谨表述。

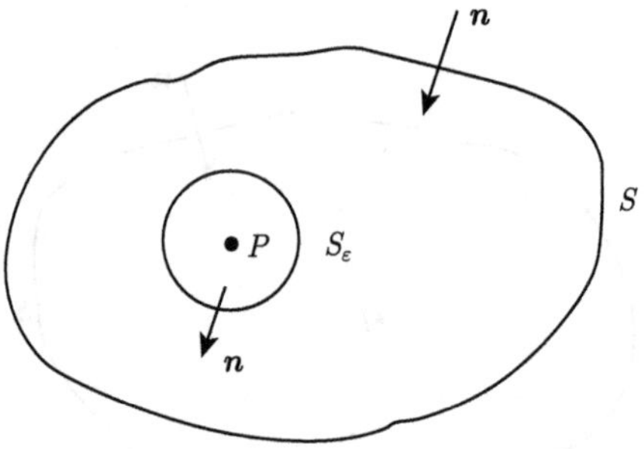

图 2.2.2 球面波奇点 P 上的两个封闭表面

2.2.3 基尔霍夫边界条件

现在，考虑一个不透明的屏幕上的小孔 Σ 受到来自点光源 S_0 照射产生衍射(图 2.2.3)。为了应用式 (2.2.10)，我们选择 P 点周围一个封闭的表面 S，并满足 $S=\Sigma+S_1+S_2$，其中，S_1 为不透明屏幕背后的表面，S_2 为图 2.2.3 中的大表面。换句话说，衍射小孔 Σ 亦为所选择的封闭表面上的一部分。为了求解此时的光场分布的解 $U(P)$，我们需要假设光场 U 的大小及其在 S 表面上的一阶导数。基尔霍夫衍射理论中关于所谓基尔霍夫边界条件的假设有两点：

(1) 无论是否存在观察屏幕，小孔中的光场分布被认为没有改变；

(2) 在观察屏幕的其他区域，也就是在 S_1 表面处，我们可以得到

$$\begin{cases} U=0 \\ \dfrac{\partial U}{\partial n}=0 \end{cases} \tag{2.2.11}$$

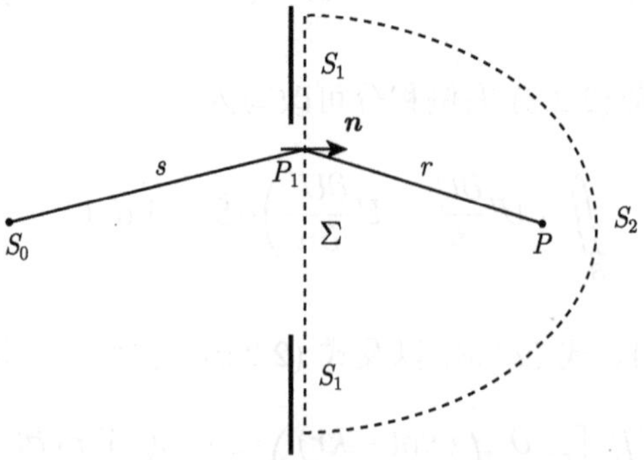

图 2.2.3 任意小孔 Σ 处衍射示意图

2.2.4 菲涅耳-基尔霍夫衍射方程

为了获得式 (2.2.10) 中关于光场 $U(P)$ 的表达，式 (2.2.10) 中的积分需要分别在三个区域求解。当 S_2 表面足够大时 [2.2]，S_2 表面的光场积分可以被证明为零。基于第二基尔霍夫边界条件 (式 (2.2.11))，S_1 表面处的光场积分为零。这样，小孔 Σ 处的积分可以如下进行求解。

假设小孔 Σ 中有一个点 P_1，S_0 与 P_1 点间的距离为 s (单位矢量 $\boldsymbol{s}$)，P 与 P_1 点的距离为 r(单位矢量 $\boldsymbol{r}$)。根据第一基尔霍夫边界条件 (式 (2.2.11))，光源 S_0 产生的波在 P_1 点处可表示为

$$U(P_1) = U_0\frac{\exp(-\mathrm{i}ks)}{s}$$

其中，点 P_1 在小孔 Σ 中。因此，沿着单位矢量 $\boldsymbol{n}$ 的 (光场) 积分可以表示为

$$\frac{\partial U}{\partial n} = U_0\frac{\exp(-\mathrm{i}ks)}{s}\left(-\mathrm{i}k - \frac{1}{s}\right)\cos(n,s) \approx -U_0\frac{\mathrm{i}k}{s}\exp(-\mathrm{i}ks)\cos(n,s) \tag{2.2.12}$$

其近似关系在 $s \gg \lambda$ 时成立。另一方面，我们可以得到

$$\frac{\partial}{\partial n}\left(\frac{\exp(-\mathrm{i}kr)}{r}\right) = \frac{\exp(-\mathrm{i}kr)}{r}\left(-\mathrm{i}k - \frac{1}{r}\right)\cos(n,r) \approx -\frac{\mathrm{i}k}{r}\exp(-\mathrm{i}kr)\cos(n,r) \tag{2.2.13}$$

其近似关系在 $r \gg \lambda$ 时成立。

最后，基于式 (2.2.12) 和式 (2.2.13)，式 (2.2.10) 的解可表示为

$$U_K(P) = \frac{\mathrm{i}U_0}{\lambda}\iint_{\Sigma}\frac{\exp[-\mathrm{i}k(r+s)]}{rs}\frac{\cos(n,s)-\cos(n,r)}{2}\mathrm{d}S \tag{2.2.14}$$

即菲涅耳–基尔霍夫衍射方程 [2.1]，并标记为 K。需要指出的是：

(1) 式 (2.2.14) 是惠更斯–菲涅耳原理的数学表达形式，其中，$\exp(-\mathrm{i}ks)/s$ 是球面波的波前函数；

(2) 式 (2.2.14) 包含一个倾斜因子；

(3) 式 (2.2.14) 包含一个 $\pi/2$ 的相位移动，由虚数因子 i 表示；

(4) 式 (2.2.14) 暗示了一个互易理论，即点源 S_0 在点 P 处产生的效果等效于点 P 处光源在点 S_0 处产生的效果 [2.1]。

2.3 瑞利–索末菲衍射理论

利用上述两个基尔霍夫边界条件，我们可以获得波动方程的解。然而，上述两个边界条件由于下述两个原因而彼此间并不支持。

(1) 基于基尔霍夫边界条件的假设，如果在 S_1 表面上存在

$$U=\frac{\partial U}{\partial n}\equiv 0$$

这样波动方程在任意区域的解均为零，即光场在任意位置均满足 $U\equiv 0$[2.2]。

(2) 式 (2.2.14) 中的菲涅耳–基尔霍夫衍射方程无法再现假设的边界条件。

因此我们需要更加精确的衍射方程以克服这些数学上的困难。根据瑞利–索末菲的理论我们可以获得波动方程的两个新的解。

2.3.1 第一瑞利-索末菲衍射积分

既然如此，我们需要找到一个在整个观察平面上，即 $S=\Sigma+S_1$，均满足 $U'=0$ 的格林函数。这个格林函数不仅可以由点 P 处的点光源决定，亦可以由点 P 的平面反射像点 $\widetilde{P}$ 决定 (图 2.3.1)。因此该条件下的格林函数可以表示为

$$U'=\frac{\exp(-\mathrm{i}kr)}{r}-\frac{\exp(-\mathrm{i}k\widetilde{r})}{\widetilde{r}} \tag{2.3.1}$$

其中，屏幕处 $r=\widetilde{r}$(r 是点 P 到屏幕上点 P_1 的距离，$\widetilde{r}$ 是像点 $\widetilde{P}$ 到点 P_1 的距离)。这样我们可以得到在整个屏幕上:

$$\begin{cases} U'=0 \\ \dfrac{\partial U'}{\partial n}=2\cos(n,r)\left(-\mathrm{i}k-\dfrac{1}{r}\right)\dfrac{\exp(-\mathrm{i}kr)}{r}\approx -2\mathrm{i}k\cos(n,r)\dfrac{\exp(-\mathrm{i}kr)}{r}\end{cases} \tag{2.3.2}$$

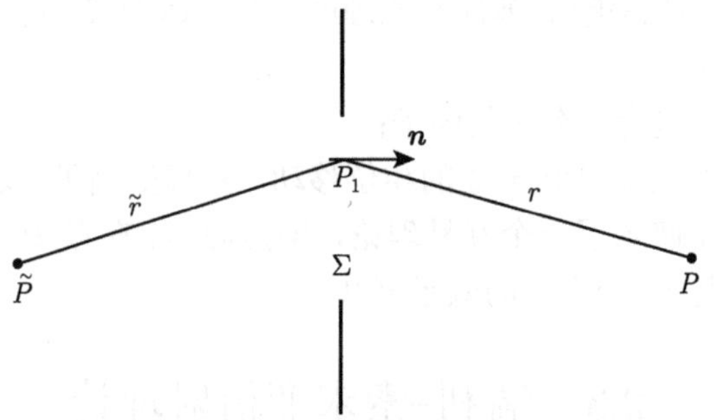

图 2.3.1 瑞利–索末菲衍射理论中的格林函数选择

式 (2.3.2) 中的第二个条件仅在 $r\gg\lambda$ 条件下成立。根据式 (2.2.8) 和

式 (2.2.9)，波动方程的解可以表示为

$$U_1(P) = -\frac{\mathrm{i}}{\lambda}\iint_{\Sigma} U(P_1)\frac{\exp(-\mathrm{i}kr)}{r}\cos(n,r)\mathrm{d}S \tag{2.3.3}$$

其中，我们假设在 S_1 表面处的光场为 $U_1=0$。式 (2.3.3) 称为第一瑞利–索末菲衍射积分 [2.2]。

2.3.2 第二瑞利–索末菲衍射积分

另一个可评估式 (2.2.8) 和式 (2.2.9) 的格林函数需在整个观察平面上，即 $S=\Sigma+S_1$ 满足

$$\frac{\partial U'}{\partial n}=0$$

根据图 2.3.1，该格林函数可表示为

$$U' = \frac{\exp(-\mathrm{i}kr)}{r} + \frac{\exp(-\mathrm{i}k\widetilde{r})}{\widetilde{r}} \tag{2.3.4}$$

在观察屏上，我们有 $r=\widetilde{r}$ 以及

$$\begin{cases} U' = 2\dfrac{\exp(-\mathrm{i}kr)}{r} \\ \dfrac{\partial U'}{\partial n} = 0 \end{cases} \tag{2.3.5}$$

根据式 (2.2.8) 和式 (2.2.9)，第二瑞利–索末菲衍射积分，即波动方程的解可表示为

$$U_2(P) = -\frac{1}{2\pi}\iint_{\Sigma}\frac{\partial U(P_1)}{\partial n}\frac{\exp(-\mathrm{i}kr)}{r}\mathrm{d}S \tag{2.3.6}$$

这里我们假设平面 S_1 上 U_1 的一阶微分等于零。

如果一束入射波从点源 S_0 照向衍射小孔 Σ (图 2.2.3)，即如果

$$U(P_1) = U_0\frac{\exp(-\mathrm{i}ks)}{s}$$

则式 (2.3.3) 中的第一和第二瑞利–索末菲衍射积分可分别简化至

$$U_1(P) = -\frac{\mathrm{i}U_0}{\lambda}\iint_{\Sigma}\frac{\exp(-\mathrm{i}kr-\mathrm{i}ks)}{rs}\cos(n,r)\mathrm{d}S \tag{2.3.7}$$

$$U_2(P)=\frac{\mathrm{i}U_0}{\lambda}\iint_{\Sigma}\frac{\exp(-\mathrm{i}kr-\mathrm{i}ks)}{rs}\cos(n,s)\mathrm{d}S \tag{2.3.8}$$

这样，式 (2.2.14)，即基尔霍夫衍射方程可表示为

$$U_K(P)=\frac{1}{2}[U_1(P)+U_2(P)] \tag{2.3.9}$$

当使用式 (2.2.14)，式 (2.3.7)，以及式 (2.3.8) 时，我们需要记住如下性质。

(1) 当考虑数学积分的不一致性时，菲涅耳–基尔霍夫衍射方程是基于基尔霍夫边界条件下波动方程的正确解 (见式 (2.2.14))。

(2) 虽然瑞利–索末菲积分解决了 (数学积分上的) 不一致性问题，但这并不意味着瑞利–索末菲衍射理论可以给出基尔霍夫衍射理论的精确结果。

(3) 事实上，由于衍射小孔的存在，边界处 U 和 $\partial U/\partial n$ 均会改变。一个正确的边界条件应该为

$$U(P_1)=U_{\mathrm{i}}(P_1)+U_{\mathrm{s}}(P_1) \tag{2.3.10}$$

其中，第一项表示小孔处的入射光场；第二项取决于小孔边沿处的散射结果。关于第二项在一些特例中的表述可参考 Stamnes 的书 [2.3]。

(4) 通常，人们使用第一瑞利–索末菲衍射积分，因为它在排除倾斜和相位因素后给出了一个接近惠更斯–菲涅耳原理的近似数学表达式 (见式 (2.1.2))。这也是后续章节讨论的起点。因此我们将式 (2.3.3) 左侧的下标 1 移除，改写获得

$$U(P)=-\frac{\mathrm{i}}{\lambda}\iint_{\Sigma}U(P_1)\frac{\exp(-\mathrm{i}kr)}{r}\cos(n,r)\mathrm{d}S \tag{2.3.11}$$

其中，$U(P_1)$ 可被认为是衍射小孔内部的光场；r 是点 P 到小孔内点 P_1 的距离。

2.3.3 德拜近似

正如我们所见，衍射问题的正确解往往依赖于边界处的光场，也就是衍射小孔。在利用高数值孔径聚焦的情形下，人们常用到德拜理论 (或德拜近似)；在聚焦区域内的光场即为平面波的叠加，其传播矢量落在焦点通过小孔边缘的光线产生的圆锥体区域内。关于高数值孔径物镜衍射的德拜近似过程将在第 6 章中详细阐述。

2.4 傍轴近似

在大多数衍射问题中，光的传播均靠近光学元件 (如透镜或小孔) 的光轴方向。为此，我们可以假定傍轴近似。

2.4.1 菲涅耳近似

为了在傍轴情形下使用瑞利–索末菲衍射积分，我们建立如图 2.4.1 所示的坐标系。衍射小孔或透镜放置于 x_1-y_1 平面，即衍射平面。x_2-y_2 平面为观察平面。两个平面之间的距离为 z(z 轴原点在衍射平面上)。P_1 是衍射平面上的点，P_2 为观察点。点 P_1 和 P_2 之间的距离为 r，其位置矢量从 P_1 到 P_2。此时，式 (2.3.11) 可表示为

$$U(P_2) = \frac{\mathrm{i}}{\lambda}\iint_{\Sigma} U(P_1)\frac{\exp(-\mathrm{i}kr)}{r}\cos(n, r)\mathrm{d}S \tag{2.4.1}$$

即

$$U_2(x_2, y_2) = \frac{\mathrm{i}}{\lambda}\iint_{-\infty}^{\infty} U_1(x_1, y_1)\frac{\exp(-\mathrm{i}kr)}{r}\cos(n, r)\mathrm{d}x_1\mathrm{d}y_1 \tag{2.4.2}$$

其中，$U_1(x_1, y_1)$ 为衍射平面上 P_1 点处的光场分布；$U_2(x_2, y_2)$ 为观察平面上 P_2 点处的光场分布；因子 $\exp(-\mathrm{i}kr)/r$ 是衍射平面上 P_1 点产生的球面波前在观察平面上 P_2 点处的结果，因子 $\cos(n, r)$ 可被定义为衍射平面法线方向单位矢量 $\boldsymbol{n}$ 与观察方向矢量 $\boldsymbol{r}$ 之间的夹角余弦。

根据图 2.4.1 中的坐标关系，$\boldsymbol{r}$ 的大小可以表示为

$$r^2 = z^2 + (x_2 - x_1)^2 + (y_2 - y_1)^2 = z^2\left[1 + \frac{(x_2 - x_1)^2 + (y_2 - y_1)^2}{z^2}\right] \tag{2.4.3}$$

当观察点离光轴不远的时候，我们可以近似假设 $(x_2 - x_1)^2 + (y_2 - y_1)^2 \ll z^2$. 这样式 (2.4.3) 可被简化为

$$r = z\left[1 + \frac{(x_2 - x_1)^2 + (y_2 - y_1)^2}{2z^2}\right] \tag{2.4.4}$$

这称为菲涅耳近似，即傍轴近似。为了获得式 (2.4.4)，我们使用 $\sqrt{1+x} \approx 1 + x/2$。

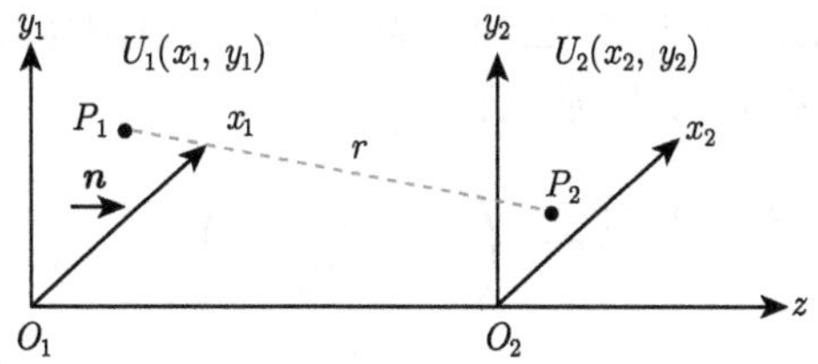

图 2.4.1　衍射平面 (x_1-y_1 平面) 与观察平面 (x_2-y_2 平面) 的定义示意图

因此在傍轴近似中，观察点必须接近光轴 z。因子 $\cos(n, r)$ 可以被近似为 1，式 (2.4.2) 中的距离 r 可以被 z 近似替代。最后，式 (2.4.2) 可被简化为

$$
\begin{aligned}
U_2(x_2,y_2) = & \frac{\mathrm{i}\exp(-\mathrm{i}kz)}{\lambda z} \\
& \times \iint_{-\infty}^{\infty} U_1(x_1,y_1)\exp\left\{-\frac{\mathrm{i}k}{2z}\left[(x_2-x_1)^2+(y_2-y_1)^2\right]\right\}\mathrm{d}x_1\mathrm{d}y_1
\end{aligned}
\tag{2.4.5}
$$

这可以被用来计算当观察平面并不远离衍射屏幕时的菲涅耳衍射图样。这一情形通常发生在光学成像系统中。前项因子 $\exp(-\mathrm{i}kz)$ 和 $\mathrm{i}/(\lambda z)$ 对于成像过程十分重要，特别是在超短脉冲激光照射时 (见第 5 章)。一个与式 (2.4.5) 相关的特征就是衍射图样中的平方相位变量。由于这个非线性的相位变量，关于菲涅耳衍射的计算变得复杂。在 2.5 节中，我们将讨论计算机计算的不同孔径下的菲涅耳衍射图样。

由于式 (2.4.4) 中的近似，当观察点距离衍射屏幕很近时，式 (2.4.5) 不能正确地算出衍射图样。因此，当观察平面靠近衍射孔径时，式 (2.4.5) 不能用来计算衍射图样。此情形下，我们需要引入广义菲涅耳衍射理论 [2.5]。举例来说，一个半径为 a 的圆孔径，需获得 $z^3 > 25a^4/\lambda$ 以满足式 (2.4.4)。换句话说，当 $\lambda/a < 3.93\times10^{-4}$ 时，我们可以根据式 (2.4.5) 很好地估计 N=200 时的结果，其中，菲涅耳数 N 可以定义为

$$
N = \frac{\pi a^2}{\lambda z} \tag{2.4.6}
$$

2.4.2 夫琅禾费近似

如果观察平面远离衍射屏幕，式 (2.4.4) 可以近似写成

$$
r \approx z\left(1+\frac{x_2^2+y_2^2}{2z^2}-\frac{x_1x_2+y_1y_2}{z^2}\right) \tag{2.4.7}
$$

这里我们忽略了衍射平面所在坐标相关的二次项。这一近似称为夫琅禾费近似。此时，正如将式 (2.4.7) 代入式 (2.4.2) 的结果，衍射图样可以简单看作入射光场 $U_1(x_1, y_1)$ 的傅里叶变换 (见附录 A)：

$$
\begin{aligned}
U_2(x_2,y_2) = & \frac{\mathrm{i}\exp(-\mathrm{i}kz)}{\lambda z}\exp\left(-\mathrm{i}k\frac{x_2^2+y_2^2}{2z}\right) \\
& \times \iint_{-\infty}^{\infty} U_1(x_1,y_1)\exp\left[\frac{\mathrm{i}k}{z}(x_1x_2+y_1y_2)\right]\mathrm{d}x_1\mathrm{d}y_1
\end{aligned}
\tag{2.4.8}
$$

显然，这一结果并不包括菲涅耳衍射图样在衍射平面上的非线性相位变化，且只有在观察平面远离衍射孔径时才可以看到。实际上，为了通过一个孔径观察夫琅

禾费衍射图样，人们可以利用一个透镜将衍射图样聚焦在孔径函数的傅里叶变换所分布的光场平面。这一性质将会在 3.2 节展开。

2.5 不同小孔的菲涅耳衍射

在这一部分，我们将利用式 (2.4.5) 来讨论不同孔径的菲涅耳衍射图样。

2.5.1 圆孔衍射

由于多数光学器件系统具有圆形对称性，所以关于圆孔径衍射图样的讨论具有实际意义。考虑一个半径为 a 的圆孔径。由于这种情况下的柱状对称性，式 (2.4.5) 中的菲涅耳衍射公式可以用极坐标系 (附录 B) 表示为：

$$U_2(r_2)=\frac{\mathrm{i}2\pi}{\lambda z}\exp(-\mathrm{i}kz)\exp\left(-\frac{\mathrm{i}kr_2^2}{2z}\right)\int_0^{\infty}U_1(r_1)\exp\left(-\frac{\mathrm{i}kr_1^2}{2z}\right)\mathrm{J}_0\left(\frac{kr_1r_2}{z}\right)r_1\mathrm{d}r_1 \tag{2.5.1}$$

其中，J_0 为零阶第一类贝塞尔函数;

$$U_1(r_1)=\begin{cases}1, & r_1\leqslant a\\ 0, & r_1>a\end{cases} \tag{2.5.2}$$

这也代表了一个均匀平面波照射下的衍射平面。在式 (2.5.1) 和式 (2.5.2)，我们有

$$\begin{cases}r_1=\sqrt{x_1^2+y_1^2}\\ r_2=\sqrt{x_2^2+y_2^2}\end{cases} \tag{2.5.3}$$

考虑当 z 很大时，也就是当观察平面远离衍射平面的情况。式 (2.5.1) 可以简化为一个解析解：

$$U_2(r_2)=\frac{\mathrm{i}\pi a^2}{\lambda z}\exp(-\mathrm{i}kz)\left[\frac{2\mathrm{J}_1\left(\dfrac{kar_2}{z}\right)}{\dfrac{kar_2}{z}}\right] \tag{2.5.4}$$

这里 J_1 是一阶第一类贝塞尔函数。正如 2.4 节的讨论中所预期的，式 (2.5.4) 可看作是圆孔径的傅里叶变换，即透镜焦平面处可以观察到的圆孔径的夫琅禾费衍射图样 (见 3.2 节)。由于式 (2.5.4) 方括号中的方程为一个艾里方程，这个图样称为艾里图样 (附录 B)。

换句话说，如果式 (2.5.1) 中 $r_2=0$，那么轴上的衍射图样变为

$$
\begin{aligned}
U_2(r_2) =&\frac{2\mathrm{i}\pi}{\lambda z}\exp(-\mathrm{i}kz)\int_0^a \exp\left(-\frac{\mathrm{i}kr_1^2}{2z}\right)r_1\mathrm{d}r_1 \\
=&2\mathrm{i}\exp(-\mathrm{i}kz)\exp\left(-\frac{\mathrm{i}ka^2}{4z}\right)\sin\left(\frac{ka^2}{4z}\right)
\end{aligned}
\tag{2.5.5}
$$

这一方程给出了一个沿传播距离的振幅恒定的非周期性振动的结果。

一般情况下，圆孔衍射图样可以采用数值计算方法 [2.6]。出于这一点，我们引入两个归一化的径向坐标：

$$
\begin{cases}
\rho_1 = r_1/a \\
\rho_2 = r_2/a
\end{cases}
\tag{2.5.6}
$$

这样式 (2.5.1) 可以表示为

$$
\begin{aligned}
U_2(\rho_2, z) =&2N\mathrm{i}\exp(-\mathrm{i}kz)\exp(-\mathrm{i}N\rho_2^2) \\
&\times\int_0^1 U_1(\rho_1)\mathrm{J}_0(2N\rho_1\rho_2)\exp(-\mathrm{i}N\rho_1^2)\rho_1\mathrm{d}\rho_1
\end{aligned}
\tag{2.5.7}
$$

这里，N 为式 (2.4.6) 中定义的包含了常数 π 的菲涅耳数。值得注意的是，N 是一个关于传播距离 z 的方程。

衍射图样的强度为式 (2.5.7) 模的平方。图 2.5.1 给出了包括 z 轴在内不同传播距离衍射图样的光强分布。正入射的传播距离 Z 可以定义为

$$
Z = \frac{1}{N} = \frac{\lambda z}{\pi a^2}
\tag{2.5.8}
$$

因此，轴上的光强分布，即当 $\rho_2 = 0$ 时，可以解析推导为

$$
I_2(N) = 4\sin^2(N/2)
\tag{2.5.9}
$$

正如预期，强度随菲涅耳数 N 表现出周期性的变化，沿 z 的方向产生了一系列非均匀周期性明暗相间的点。正如式 (2.5.8) 预期的那样，相邻明点或暗点之间的距离随着 Z 的增加而增大。最终，衍射图样的远场分布接近式 (2.5.4) 中艾里方程所描述的夫琅禾费衍射图样。

在给定的横向平面，强度分布沿径向振荡，表现出一系列的同心条纹，这一结果可以在强度分布的界面上明显观察到，并表现出随归一化横向坐标 y/a 的变化规律 (图 2.5.2(a))。这些条纹来自孔径处子波的干涉，如果这个调制过的光场照向一个透镜，则瞳函数被明显改变，这也会导致透镜焦点区域处产生其他的衍射图样，并因此产生相应的成像质量与对比度。

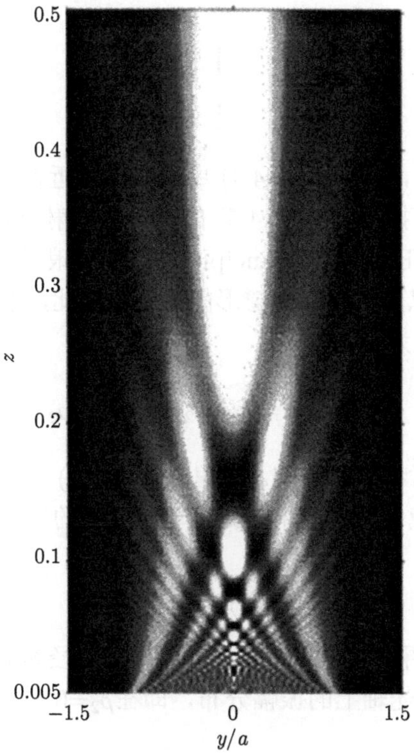

图 2.5.1 圆孔菲涅耳衍射沿轴向的光强分布

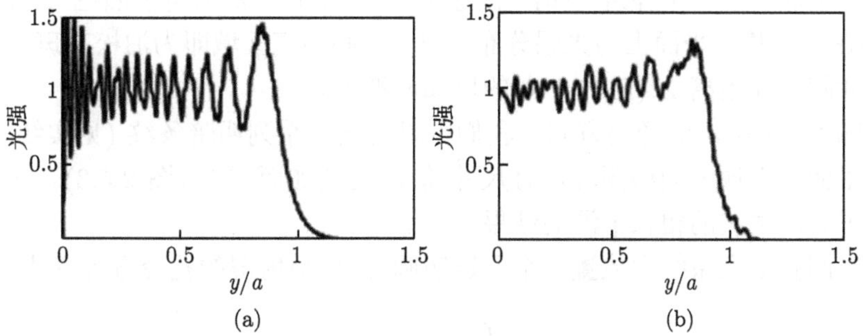

图 2.5.2 典型的 (a) 圆形与 (b) 锯齿形孔径的径向衍射图样 (N=100)

2.5.2 圆屏衍射

出于不同原因，在某些光学成像系统中，我们需要考虑暗场条件。此时我们可以将一个半透明的圆屏放置于成像系统中同轴的位置。如果圆屏放在衍射屏幕处，入射光场变成

$$U_1(r_1) = \begin{cases} 1, & r_1 \geqslant a \\ 0, & r_1 < a \end{cases} \tag{2.5.10}$$

在圆屏衍射中 [2.7]，由于式 (2.4.4) 中的菲涅耳近似对式 (2.5.10) 中的光照条件不成立，我们不能直接利用式 (2.4.5) 的菲涅耳衍射公式来评判光场分布。我们首先介绍巴比涅原理 (Babinet′s principle)，即在夫琅禾费衍射中，两个互补屏产生的衍射图样之和可以看作无障碍情形的光场。因此，半径为 a 的不透明圆屏的衍射图样 U_2 可以表示为

$$U_2(\rho_2, z) = U_0(\rho_2, z) - U_2(\rho_2, z) \tag{2.5.11}$$

其中，我们考虑了圆对称性的影响。这里，$U_0(\rho_2,\ z)$ 表示没有衍射圆孔时的观察屏上的光场分布。在我们的例子中，如果单位振幅的平面波沿着 z 轴传播，该光场分布可以表示为

$$U_0(\rho_2, z) = \exp(-\mathrm{i}kz) \tag{2.5.12}$$

如式 (2.5.5) 给出的结果，光场 $U_2(\rho_2,\ z)$ 可看作半径为 a 的圆孔衍射的结果。

根据式 (2.5.11)，光轴上的振幅分布，即在ρ_2=0 处，可以被解析为

$$U_2(0, z) = \exp(-\mathrm{i}kz)\exp(-\mathrm{i}N) \tag{2.5.13}$$

因此，轴上的光强分布，即式 (2.5.13) 中的平方项，总保持不变。换言之，我们可以在轴上观察到一个亮斑，即泊松亮斑 [2.1,2.4]。这一结果可参照图 2.5.3，即包括 z 轴在内的整个平面上的光强分布 [2.7]。中心明亮区域即为泊松亮斑。中心亮斑的尺寸随传播距离 Z (Z=1/N) 的增加而增大。

在图 2.5.4 中，沿径向方向，我们可以看到一系列明暗条纹 (见实线)。它们在横向平面上表现为同心圆环，且尺寸随 Z 的增加而增大 (图 2.5.3)。这些图样是衍射屏处产生波的相长干涉的结果。

当在圆孔成像系统中放置一个不透明圆屏时，衍射屏的孔径方程变成环状，即

$$U_1(r_1) = \begin{cases} 1, & \varepsilon a \leqslant r_1 \leqslant a \\ 0, & \text{其他情况} \end{cases} \tag{2.5.14}$$

将式 (2.5.14) 代入式 (2.5.1)，我们可以计算出光强的分布。正如可从式 (2.5.1) 和式 (2.5.3) 中预期，在菲涅耳衍射区域，我们可以在沿传播轴向获得一个亮斑，在径向方向获得同心圆 [2.8]。

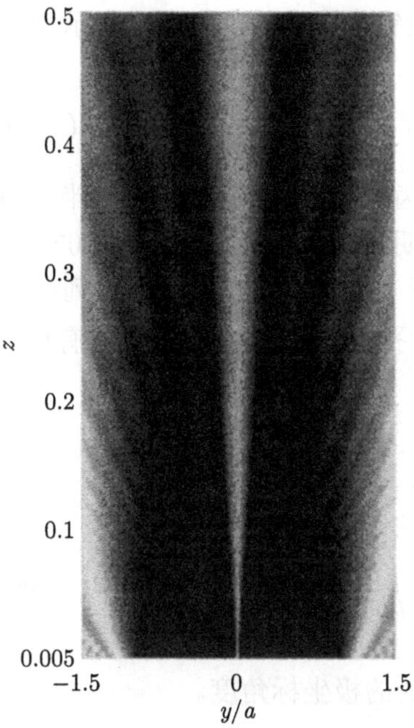

图 2.5.3 圆屏菲涅耳衍射沿轴向的光强分布

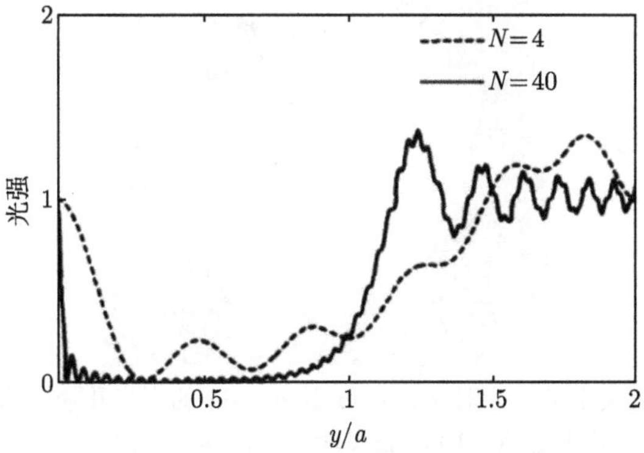

图 2.5.4 圆屏在不同距离处产生的衍射结果

2.5.3 锯齿孔径衍射

正如圆孔与圆屏衍射的结果，横向观察平面上出现同心圆。由于形成有效的透镜瞳函数，这些干涉条纹产生的强度调制会影响成像的效果。作为菲涅耳衍射图样的照射结果，我们可以选择透镜在聚焦区域的衍射图样，并产生对成像质量和对比度的影响。其中一个在横向平面上产生均匀光强分布的方法即在光的传播方向上放置一个锯齿圆孔 [2.6,2.9]。

举例来说，我们假设锯齿圆孔的半径可以表示为一个衍射平面上的极坐标角度ϕ_1 的方程：

$$r_1 = a[1 + \alpha \sin(m_1\phi_1)\sin(m_2\phi_1)] \tag{2.5.15}$$

其中，$\alpha = \delta a/a$ 即为锯齿振幅 δa 与孔径的平均半径 a 的比值；m_1 和 m_2 是锯齿空间关于ϕ_1 的两个周期。图 2.5.5 给出了α=0.05，m_1=50 及 m_2=5 的锯齿空间。这个条件呼应了半径 a 处 N=100 时的一系列菲涅耳数分布 ΔN=10。

显然，对于一个锯齿孔径，式 (2.4.5) 不再具有柱状对称性。因此，衍射光场可以表示为

$$\begin{aligned} U_2(\rho_2, \phi_2, z) =& \frac{\mathrm{i}N\exp(-\mathrm{i}kz)\exp(-\mathrm{i}N\rho_2^2)}{\pi} \\ &\times \int_0^{2\pi}\int_0^{r/a} \exp[\mathrm{i}2N\rho_1\rho_2\cos(\phi_1 - \phi_2)]\exp(-\mathrm{i}N\rho_1^2)\rho_1\mathrm{d}\rho_1\mathrm{d}\phi_1 \end{aligned} \tag{2.5.16}$$

其中，ϕ_2 表示观察平面处的极坐标角度。

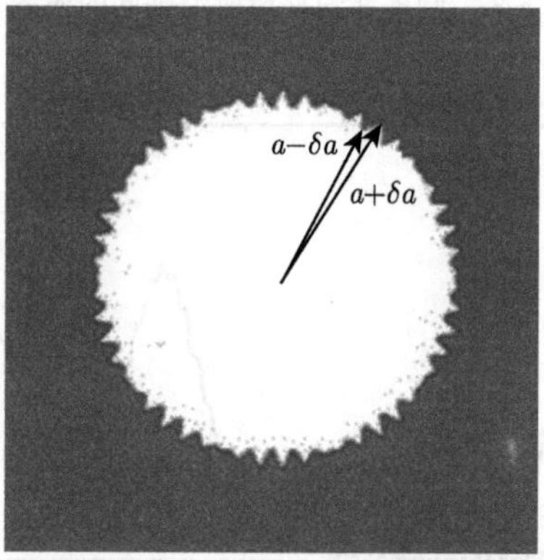

图 2.5.5 一个最大及最小半径分别为 $a + \delta a$ 及 $a - \delta a$ 的锯齿孔径；菲涅耳数在半径 $r = a$ 处满足 N=100，ΔN=10 时，$\delta a/a$ 值取 0.05

根据图 2.5.5 中的锯齿孔径，图 2.5.6 给出了由式 (2.5.16) 中的平方项导致的菲涅耳衍射图样光强分布。正如预期，相较于图 2.5.1 的圆孔结果，当 Z 值较小时，我们可以观察到一些对比度更低的明暗光斑的存在。根据惠更斯–菲涅耳原理 (见 2.1 节)，衍射图样由衍射孔上每一点波元的干涉叠加而产生。在锯齿孔径情形下，孔径边缘到达观察点的距离会产生轻微改变，因此，干涉条纹会由于各个波之间的失相相消而变得微弱。菲涅耳数 N 越大 (根据 Z=1/N 即轴向距离 Z 越小)，则相位差越大 (即干涉图样越弱)。

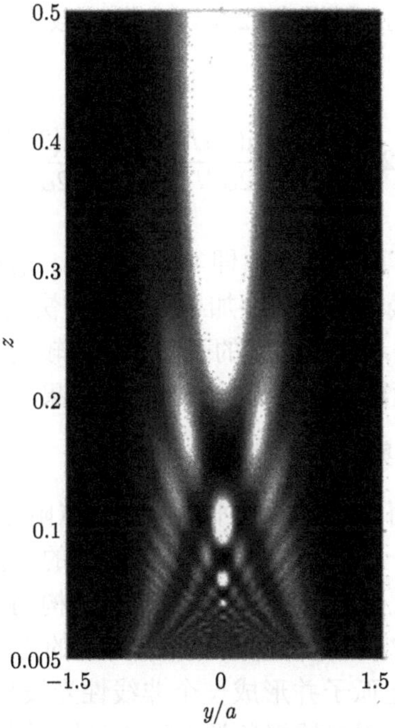

图 2.5.6 锯齿孔径沿轴平面产生菲涅耳衍射图样的光强分布

图 2.5.2(b) 给出了在 N=100 时横向光强的分布。相较于图 2.5.2(a) 中的圆孔衍射结果，此时出现的尖锐的峰强度减弱。由于相比之下较弱的相长干涉，锯齿孔径产生的衍射条纹变弱且不再规则。

m_1 和 m_2 是式 (2.5.15) 中锯齿孔径的两个参数。因此锯齿孔径的边缘可以看作是随机产生的，这样图 2.5.5 和图 2.5.6 中的结果对于锯齿孔径来说不会那么敏感。事实上，锯齿状的振幅 α 是决定衍射图样的一个重要参数。举例来说，我们考虑一个具有一系列均一齿状函数的锯齿孔径。对于第 n 个齿状函数，圆孔的半径可以表示为

$$r_1 = a\left[1+\alpha\left(\frac{m\phi_1}{\pi}+1-2n\right)\right],\quad \frac{2(n-1)\pi}{m}\leqslant \phi_1\leqslant \frac{2n\pi}{m} \tag{2.5.17}$$

其中，m 表示沿着孔径边缘锯齿函数的总数。根据式 (2.5.16)，光轴的衍射光强可以表示为

$$I(N) = C\left|2\pi - m\int_0^{2\pi/m}\exp(-\mathrm{i}N\rho_1^2)\mathrm{d}\phi_1\right|^2 \tag{2.5.18}$$

这给出了直射光束 (式中第一项) 与边缘衍射光 (式中第二项) 之间干涉叠加的结果。对于圆孔，式 (2.5.18) 可以简化为式 (2.5.9)。需要注意的是，边缘光相比于

直射光具有 π 的相位变化。根据式 (2.5.17)，当 α 较小时，我们可以将式 (2.5.18) 改写成

$$I(N)=\left[1-2\cos(N)\frac{\sin(2\alpha N)}{2\alpha N}+\left(\frac{\sin(2\alpha N)}{2\alpha N}\right)^2\right] \tag{2.5.19}$$

式 (2.5.19) 中前两项具有两个周期，即 2π 和 π/α。前者对应了由孔径中心直射光线与半径 a 处边缘光线之间干涉叠加导致的一个快速的周期变化，而后者给出了锯齿内外边缘点产生的边缘光之间的干涉导致的较慢周期变化。锯齿振幅越小，第二个周期越长。最终预期无限接近于圆孔衍射结果。

2.5.4 “甜甜圈”孔径衍射

具有相位奇点的平面波意味着横平面上某一点附近存在一个 $2n\pi$ 的相位突变 (这里 n 是一个整数，也称为拓扑荷)。该点处的相位并未定义，因此强度必为零，从而在横向平面上形成了一个“甜甜圈”结构的光强分布。人们发现奇点光束具有多种潜在的应用。如果一个具有相位奇点的光波穿过一个非线性的介质，将会产生一个三维的暗光孤子并形成一个非线性光波导 [2.10]。在透镜焦点处的“甜甜圈”光束可以被考虑用来捕捉各类小颗粒 [2.11-2.13]。这种技术可以被用来开发新颖光镊 [2.11,2.12]。最近发现，奇点光束有望在原子光学中用来束缚一个原子束 [2.14,2.15]。在这些应用中，透镜焦平面处的衍射图样可能依赖于入射在透镜孔径上的菲涅耳图样，因此奇点光束产生的菲涅耳衍射图样具有重要作用 [2.16]。

有很多方法可以用来产生具有相位奇点的光束。一种实际的方法即利用计算机生成全息 [2.17]。在这种方法中，我们首先计算奇点波与平面波的干涉叠加，并记录在一个光敏薄膜上。当薄膜被平面波线性处理后，即可产生一个奇点光束。

下面，我们将探讨在具有相位奇点平面波照射下的圆孔菲涅耳衍射结果 [2.16]。沿 z 方向传播具有相位奇点的平面波可以表示为

$$U_1(\phi_1,z)=U_0\exp(\mathrm{i}n\phi_1-\mathrm{i}kz) \tag{2.5.20}$$

其中，U_0 是波的常振幅量；ϕ_1 是横向平面极坐标角度，其对向角位于光轴上一点，n 是奇点的拓扑荷数。当 n 等于零时，式 (2.5.20) 表示一个没有相位奇点的平面波。当 n=1 时，根据式 (2.5.20)，半径为 a 的圆孔产生的相位分布如图 2.5.7 所示。

考虑一个光学系统拥有半径为 a 的圆孔。式 (2.5.20) 中的奇点光束通过圆孔衍射。将式 (2.5.20) 代入式 (2.4.5) 可以获得

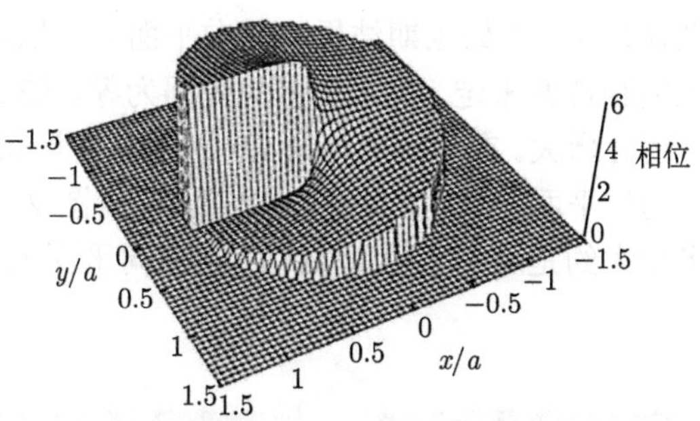

图 2.5.7 具有一个拓扑荷光学相位奇点的平面波透过半径为 a 的圆孔衍射产生的相位变化

$$
\begin{aligned}
U_2(\rho_2,\phi_2,z)=&\frac{\mathrm{i}N}{\pi}\exp(-\mathrm{i}kz)\exp(-\mathrm{i}\rho_2^2N)\\
&\times\int_0^1\int_0^{2\pi}U_0\exp(\mathrm{i}n\phi_1)\exp(-\mathrm{i}\rho_1^2N)\\
&\times\exp[\mathrm{i}2N\rho_1\rho_2\cos(\phi_1-\phi_2)]\rho_1\mathrm{d}\rho_1\mathrm{d}\phi_1
\end{aligned}\tag{2.5.21}
$$

显然，式 (2.5.21) 中的振幅依赖于 ϕ_2，但对称性关系告诉我们，光强的分布事实上与横向平面上的角变量没有关系。

对于 n=1 时，包括 z 轴在内整个平面的衍射强度，即振幅的平方如图 2.5.8

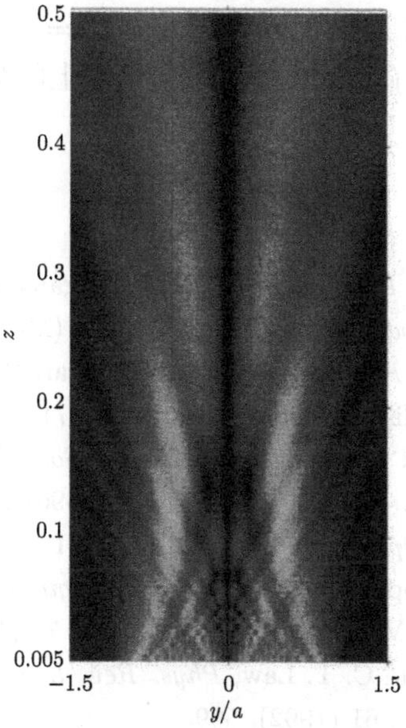

图 2.5.8 拓扑荷为 1 相位奇点的波沿轴向产生的圆孔菲涅耳衍射的光强分布

所示，其中设入射光强为 1。正如预期结果，横向平面上可以观察到菲涅耳衍射条纹，而由于 z 轴上的相位并未定义，z 轴上的光强为零。随着传播距离的增加，中心暗斑的尺寸几乎线性增大。在中心暗斑之外，入射波会聚在圆孔后 Z=0.1 处。这个距离大致相当于均匀平面波入射圆孔后的会聚距离 (图 2.5.1)。在 Z=0.1 处，最大光强所处位置半径大约是 0.55 (图 2.5.9(a))。横向平面上相应的相位变化如图 2.5.9(b) 所示。

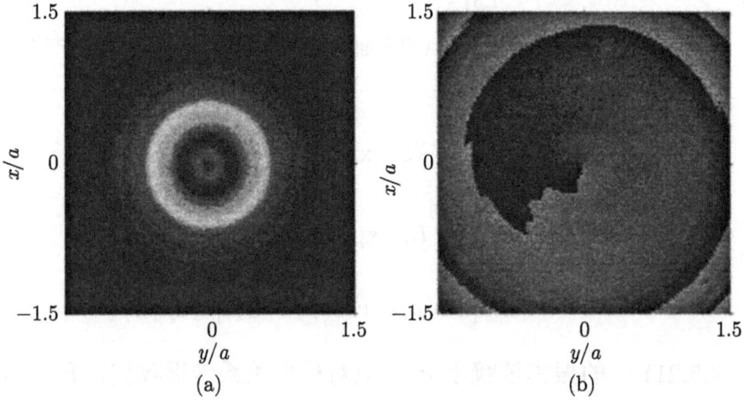

图 2.5.9 具有拓扑荷为 1 的相位奇点的波在横向平面 (N=10 时) 上的 (a) 强度与 (b) 相位分布

当拓扑荷 n 增大，如 $n = 2$ 时，相较于 $n = 1$，在给定距离位置上，中心暗斑的尺寸增大 [2.16]。除了比例系数，横向平面上的强度与相位分布与 $n = 1$ 时接近 [2.16]。

参考文献

[2.1] M. Born and E. Wolf, *Principles of Optics* (Pergamon, New York, 1980).
[2.2] J. W. Goodman, *Introduction to Fourier Optics* (McGraw-Hill, New York, 1968).
[2.3] J. Stamnes, *Waves in Focal Regions* (Adam Hilgar, Bristal, 1986).
[2.4] E. Hecht, *Optics* (Addison-Wesley, Reading, 1987).
[2.5] C. J. R. Sheppard and M. Hrynevych, *J. Opt. Soc. Am. A*, 9 (1992) 274.
[2.6] M. Gu and X. Gan, *J. Opt. Soc. Am. A,* 13 (1996) 773.
[2.7] M. Gu and X. Gan, *Opt. Commun.*, 125 (1996) I.
[2.8] X. Gan, C. J. R. Sheppard, and M. Gu, *Bioimaging*, 5 (1997) 153.
[2.9] N. George and G. M. Morris, *J. Opt. Soc. Am.*, 70 (1980) 6.
[2.10] G. A. Swartzlander and C. T. Law, *Phys. Rev. Lett.*, 69 (1992) 2503.
[2.11] A. Ashkin, *J. Biophys.*, 61 (1992), 569.
[2.12] S. Sato, M. Ishigure, and H. Inaba, *Electron. Lett.*, 17 (1991) 1831.

[2.13] S. Sato, Y. Harada, and Y. Waseda, *Opt. Lett.*, 19 (1994) 1807.

[2.14] G. M. Galletin and P. L. Gould, *J. Opt. Soc. Am. B*, 8 (1991) 502.

[2.15] J. J. McClelland and M. R. Scheinfein, *J. Opt. Soc. Am. B*, 8 (1991) 1974.

[2.16] M. Gu and X. Gan, *Optik*, 105 (1997) 51.

[2.17] N. R. Heckenberg, R. McDuff, C. P. Smith, H. Rubinsztein-Dunlop, and M. J. Wegener, *Opt. and Quan. Electron.*, 24 (1992) S951.

第 3 章　点扩散函数

由于传统光学显微镜通常提供了一个薄样品的二维图像，在透镜的经典光学成像理论当中 [3.1,3.2]，关于透镜成像效果的讨论通常局限于薄物体。然而，共聚焦显微镜可以展示物体的光学切片特性 [3.3]，这使得人们可以展示出样品深层结构的三维图像。物镜的三维成像性质，或者说焦点附近的三维光场分布，对于激光捕捉技术也是十分重要的 [3.4]。所有这些新技术使得人们更好地理解透镜沿着轴向的成像行为。本章将利用 2.4 节中讨论的傍轴近似原理，研究焦点区域单个透镜的衍射特性。在第 6 章，我们亦将讨论该话题在不进行这一近似假设时的性质。通常有两种方法可用来分析一个透镜的成像性质，即点扩散函数方法和传递函数方法。前者通常利用相对简单的数学方法，基于单点物体的成像开展讨论，这也是本章的主要话题。关于传递函数的具体讨论将会在第 4 章给出。

本章的安排如下。在 3.1 节中，我们将给出关于单一透镜的透过率的表达形式。利用这一表达，我们将在 3.2 节中采用菲涅耳衍射公式 (式 (2.4.5)) 来研究不同透镜的三维衍射图样。在 3.3 节中，我们将给出关于一个薄物体通过一个透镜获得相干像的点扩散函数 (PSF)。在 3.4 节中，在获得三维空间不变的点扩散函数后，我们将这一方法推广至有限厚度物体的成像。最后，关于一个透镜的非相干像成像过程将在 3.5 节进行讨论。

3.1　透镜的透过率

如图 3.1.1 所示，当一束波长为 λ 的光透过一个光学透镜的两个球面时，透镜光场将会出现两个物理变化。第一个变化是由光程变化导致的光场相位变化，第二个变化是由菲涅耳反射与透射导致的透镜表面强度变化 [2.1]。为了研究这两个变化，我们可以将透镜的透过率表达为复函数 $t(x,y)$，即

$$t(x,y)=\frac{U_2(x,y)}{U_1(x,y)} \tag{3.1.1}$$

其中，如图 3.1.1 所示，$U_1(x_1, y_1)$ 和 U_2 (x_2, y_2) 分别为透镜前后平面的光场。特别地，$t(x, y)$ 函数可以表示为

$$t(x,y)=P(x,y)\exp[-\mathrm{i}\phi(x,y)] \tag{3.1.2}$$

这里 $P(x,y)$ 和 $\phi(x,y)$ 两个函数分别表示入射光的强度与相位变化。$P(x, y)$ 函数有时称作一个透镜的瞳函数，用于局限在透镜孔径内的区域。

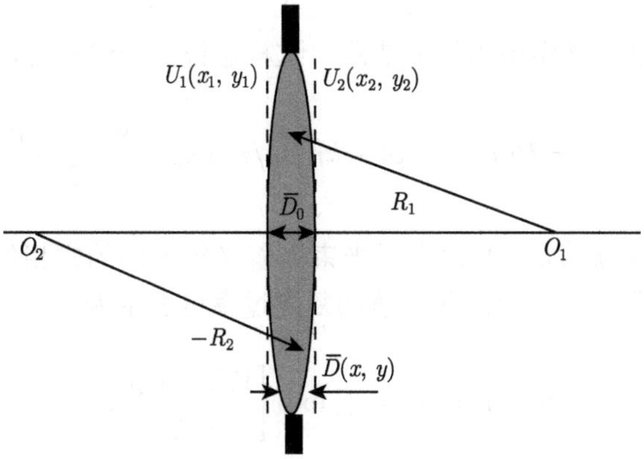

图 3.1.1 一个透镜由两个半径分别为 R_1 和 $-R_2$ 的球面组成，对向在 O_1 和 O_2 点。如果透镜在光轴处厚度 $\overline{D}_0$ 足够小，光束透过透镜的位移可以被忽略，这样的透镜可以被看成薄透镜

如果一个透镜具有较薄的光学厚度，以及均匀的折射率 $\widetilde{n}$，透镜折射导致的光束位移可以被忽略，也就是说，透镜前后表面坐标可以被认为是相同的，即

$$\begin{aligned} x_1 = x_2 = x \\ y_1 = y_2 = y \end{aligned} \tag{3.1.3}$$

如果透镜前后表面的球面分别具有 R_1 和 $-R_2$ 的半径，其中负号表示这两个表面分别凸向相反方向，透镜在光轴处的几何厚度为 $\overline{D}_0$，则透镜在空间任意点处的几何厚度 $\overline{D}(x, y)$ 可以通过图 3.1.1 中的几何条件推导获得。在傍轴近似下 (见 2.4 节)，$\overline{D}(x, y)$ 可以表示为

$$\overline{D}(x,y) = \overline{D}_0 - \frac{x^2+y^2}{2}\left(\frac{1}{R_1} - \frac{1}{R_2}\right) \tag{3.1.4}$$

将式 (3.1.4) 乘以波数 k 可以获得因透镜折射产生的相位延迟。从而透镜前后表面的相位延迟变成

$$\phi(x,y) = k\widetilde{n}\overline{D}(x,y)/n + k[\overline{D}_0 - \overline{D}(x,y)] \tag{3.1.5}$$

其中，$k = 2\pi/\lambda$，是入射光在折射率为 n 的透镜附近介质中传播的波数。

将式 (3.1.5) 代入式 (3.1.1)，我们可以获得

$$U_2(x,y) = U_1(x,y)P(x,y)\exp(-\mathrm{i}k\widetilde{n}\overline{D_0}/n)\exp\left[\mathrm{i}k\left(\frac{\widetilde{n}}{n} - 1\right)\frac{x^2+y^2}{2}\left(\frac{1}{R_1} - \frac{1}{R_2}\right)\right] \tag{3.1.6}$$

其中，我们可以引入

$$\frac{1}{f}=\left(\frac{\widetilde{n}}{n}-1\right)\left(\frac{1}{R_1}-\frac{1}{R_2}\right) \tag{3.1.7}$$

这里，f 被称为几何光学中透镜的焦距。这样透镜的透过率可以被表示为

$$t(x,y)=P(x,y)\exp(-\mathrm{i}k\widetilde{n}\overline{D_0}/n)\exp\left[\frac{\mathrm{i}k(x^2+y^2)}{2f}\right] \tag{3.1.8}$$

第一个因子 $\exp(-\mathrm{i}k\widetilde{n}\overline{D_0}/n)$ 代表了光束沿着光轴方向的常相位项，因此该因子的影响可以忽略不计。从而，薄透镜的复透过率可表示为

$$t(x,y)=P(x,y)\exp\left[\frac{\mathrm{i}k(x^2+y^2)}{2f}\right] \tag{3.1.9}$$

可以看出，透镜导致的相位变化表现出关于 x 和 y 的二次关系。对于圆对称的透镜，二次方的相位变化代表了当焦距 f 为正时透镜产生的收敛波，或者当 f 为负时的发散波，分别称为正负透镜。对于正透镜，平面波在穿过透镜后会聚在焦距为 f 的一个点处。这个点称为几何光学中透镜的焦点。然而，根据光的衍射特性，焦点区域附近的光场分布是透镜后端小波波前的叠加，因此往往分布在焦点附近的一个区域内。关于透镜焦点处的光场分布将会在第 4 章利用衍射方程具体讨论。

3.2　透镜的衍射

在本节，我们将考虑透镜焦点区域的光场。我们首先考虑在焦平面处的光场，也就是在图 3.2.1 中 $z=f$ 处。假设有一个振幅为 U_0 的平面波照射在透镜上。这样，透镜前平面的光场即为 $U_1(x_1, y_1)=U_0$。这个透镜即可看作式 (3.1.9) 给出的复透过率的衍射屏。因此，透镜后平面光场即为

$$U_2(x_2,y_2)=U_0P(x_2,y_2)\exp\left[\frac{\mathrm{i}k}{2f}(x_2^2+y_2^2)\right] \tag{3.2.1}$$

这样，根据式 (2.4.5) 的菲涅耳衍射公式，我们可以推导出焦平面处的光场。将式 (3.2.1) 代入式 (2.4.5)，我们可以得到位于焦点处观察平面的光场分布，也就是在 $z=f$ 处，

$$U_3(x_3,y_3)=\frac{\mathrm{i}U_0}{\lambda f}\exp(-\mathrm{i}kf)\iint_{-\infty}^{\infty}P(x_2,y_2)\exp\left[\frac{\mathrm{i}k}{2f}(x_2^2+y_2^2)\right]$$

$$\times \exp\left[-\frac{\mathrm{i}k}{2f}(x_3^2+y_3^2)\right]\exp\left[-\frac{\mathrm{i}k}{2f}(x_2^2+y_2^2)\right]\exp\left[\frac{\mathrm{i}k}{2f}(x_3x+y_3y)\right]\mathrm{d}x_2\mathrm{d}y_2 \tag{3.2.2}$$

这里式 (2.4.5) 中的非线性相位项可以被展开成上式 (3.2.2) 中第二行的三个部分。显然，透镜产生的二次方相位项被菲涅耳衍射中的二次方相位抵消，这样

$$\begin{aligned} U_3(x_3,y_3) =& \frac{\mathrm{i}U_0}{\lambda f}\exp(-\mathrm{i}kf)\exp\left[-\frac{\mathrm{i}k}{2f}(x_3^2+y_3^2)\right] \\ &\times \iint_{-\infty}^{\infty} P(x_2,y_2)\exp\left[\frac{\mathrm{i}k}{f}(x_3x_2+y_3y_2)\right]\mathrm{d}x_2\mathrm{d}y_2 \end{aligned} \tag{3.2.3}$$

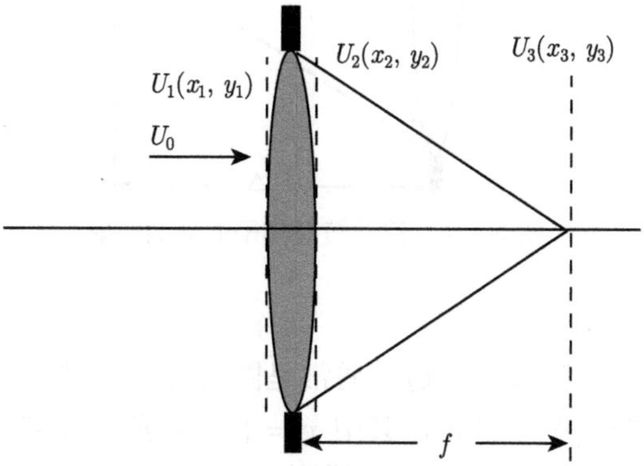

图 3.2.1 薄透镜焦平面处的衍射

为了解释式 (3.2.3) 的物理意义，我们设 $m = x_3/(f\lambda)$，$n = y_3/(f\lambda)$。这样，式 (3.2.3) 中的积分即为瞳函数 $P(x, y)$ 在 m 和 n 的空间频率处的二维傅里叶变换 (见附录 A)。比较式 (3.2.2) 和式 (2.4.8)，我们发现式 (3.2.3) 给出了瞳函数 $P(x,y)$ 在焦平面处的夫琅禾费衍射结果。换言之，为了观察半径为 a 的圆孔的夫琅禾费衍射，人们可以使用一个半径为 a 的透镜，在焦平面处产生与圆孔夫琅禾费衍射相同的光场分布。需要指出的是，虽然式 (3.2.3) 中的 $U_3(x_3,y_3)$ 采用了瞳函数的夫琅禾费衍射形式，透镜的衍射过程往往是菲涅耳衍射而非夫琅禾费衍射。

现在，让我们转向当观察平面置于散焦位置时的薄透镜衍射图样。假设散焦距离为 Δz(图 3.2.2)。观察平面和透镜之间的距离 $z = f + \Delta z$。对于均匀的平面入射波 U_0，透镜后平面处的光场 $U_2(x_2,y_2)$ 与式 (2.4.5) 相同。因此，基于菲涅耳衍射方程式 (2.4.5)，在 $z= f + \Delta z$ 处观察平面的光场 $U_3(x_3,y_3)$ 可以表示为

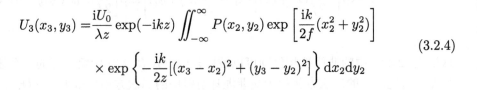

$$
\begin{aligned}
U_3(x_3,y_3)=&\frac{\mathrm{i}U_0}{\lambda z}\exp(-\mathrm{i}kz)\iint_{-\infty}^{\infty}P(x_2,y_2)\exp\left[\frac{\mathrm{i}k}{2f}(x_2^2+y_2^2)\right]\\
&\times\exp\left\{-\frac{\mathrm{i}k}{2z}[(x_3-x_2)^2+(y_3-y_2)^2]\right\}\mathrm{d}x_2\mathrm{d}y_2
\end{aligned}
\tag{3.2.4}
$$

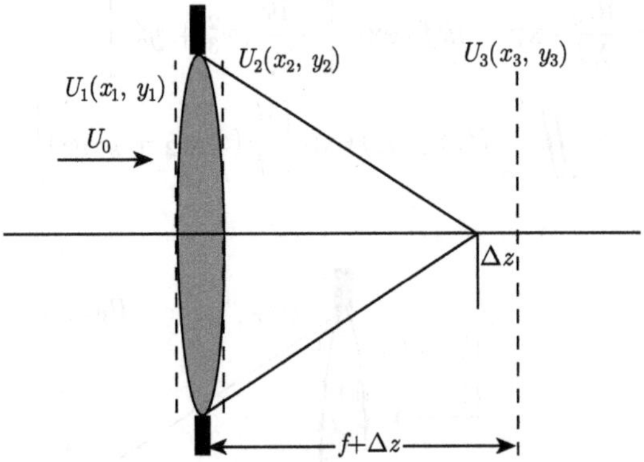

图 3.2.2　薄透镜散焦平面处的衍射

3.2.1　圆透镜

正如前文所述，实际情况中透镜通常呈圆对称。此时，瞳函数仅为一个极坐标函数，也就是 $P(x, y) = P(r)$，其中 $r = (x^2 + y^2)^{1/2}$。在式 (3.2.3) 中引入极坐标以及附录 B 中的方法，我们可以得到

$$
U_3(r_3)=\frac{\mathrm{i}}{\lambda f}\exp(-\mathrm{i}kf)\exp\left(-\frac{\mathrm{i}\pi r_3^2}{\lambda f}\right)\int_0^{\infty}P(r_2)\mathrm{J}_0\left(\frac{2\pi r r_3}{\lambda f}\right)2\pi r_2\mathrm{d}r_2 \tag{3.2.5}
$$

其中，我们假设 $U_0 = 1$。这里 J_0 是零阶第一类贝塞尔函数，$r_2 = (x_2^2 + y_2^2)^{1/2}$ 以及 $r_3 = (x_3^2 + y_3^2)^{1/2}$。

如果 $P(r)$ 是半径为 a 的均匀圆孔，人们可以将瞳函数表示为

$$
P(r)=\begin{cases}1, & r\leqslant a\\ 0, & r>a\end{cases} \tag{3.2.6}
$$

通过利用附录 B 中的汉克尔变换 (Hankel transform)，我们可以将式 (3.2.5) 简化为

$$
U_3(r_3)=\frac{\mathrm{i}\pi a^2}{\lambda f}\exp(-\mathrm{i}kf)\exp\left(-\frac{\mathrm{i}\pi r_3^2}{\lambda f}\right)\left[\frac{2\mathrm{J}_1\left(\dfrac{2\pi r_3 a}{\lambda f}\right)}{\dfrac{2\pi r_3 a}{\lambda f}}\right] \tag{3.2.7}
$$

其中，J_1 是一阶第一类贝塞尔函数。

为了简化式 (3.2.7)，我们引入三个重要的参数。

(1) 透镜的数值孔径，NA (numerical aperture)：

$$\mathrm{NA} = n\sin\alpha \approx n\frac{a}{f} \tag{3.2.8}$$

图 3.2.3 给出了物镜数值孔径的含义：高数值孔径的物镜对应着更大的会聚角α。当最大的会聚角已知时，增加透镜浸没环境介质的折射率往往会导致更高的物镜数值孔径。

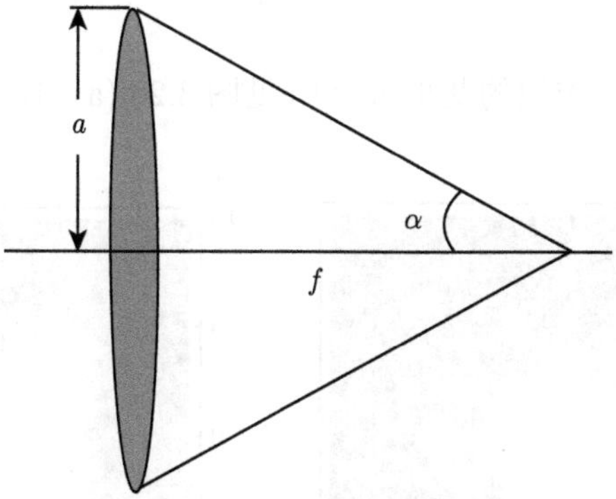

图 3.2.3 关于物镜数值孔径含义的描述

(2) 径向 (横向) 光学坐标v。径向光学坐标可定义为

$$v = \frac{2\pi}{\lambda}\frac{a}{f}r_3 \approx \frac{2\pi}{\lambda}r_3\sin\alpha \tag{3.2.9}$$

因此，对于一个给定的坐标值 v，透镜更高的数值孔径会在聚焦区域处产生更小的径向坐标实部。

(3) 菲涅耳数N：

$$N = \frac{\pi a^2}{\lambda z} \tag{3.2.10}$$

根据式 (3.2.8)～式 (3.2.10)，我们可以将式 (3.2.5) 和式 (3.2.7) 分别改写成

$$U_3(v) = 2\mathrm{i}N\exp(-\mathrm{i}kf)\exp\left(-\frac{\mathrm{i}v^2}{4N}\right)\int_0^1 P(\rho)\mathrm{J}_0(v\rho)\rho\mathrm{d}\rho \tag{3.2.11}$$

以及

$$U_3(v) = \mathrm{i}N\exp(-\mathrm{i}kf)\exp(-\frac{\mathrm{i}v^2}{4N})\left[\frac{2\mathrm{J}_1(v)}{v}\right] \tag{3.2.12}$$

其中，$\rho = r_2/a$ 是透镜孔径的归一化径向坐标；$P(\rho)$ 是归一化半径后的瞳函数，对于均匀的圆形光瞳可表示为

$$P(\rho) = \begin{cases} 1, & \rho \leqslant 1 \\ 0, & \rho > 1 \end{cases} \tag{3.2.13}$$

将式 (3.2.12) 中模式平方后可以获得焦平面处光强为

$$I(v) = (\pi N)^2 \left[\frac{2\mathrm{J}_1(v)}{v}\right]^2 \tag{3.2.14}$$

式 (3.2.14) 给出了透镜的艾里斑[3.2]，见图 3.2.4(a)。图 3.2.5(a) 给出了沿径向

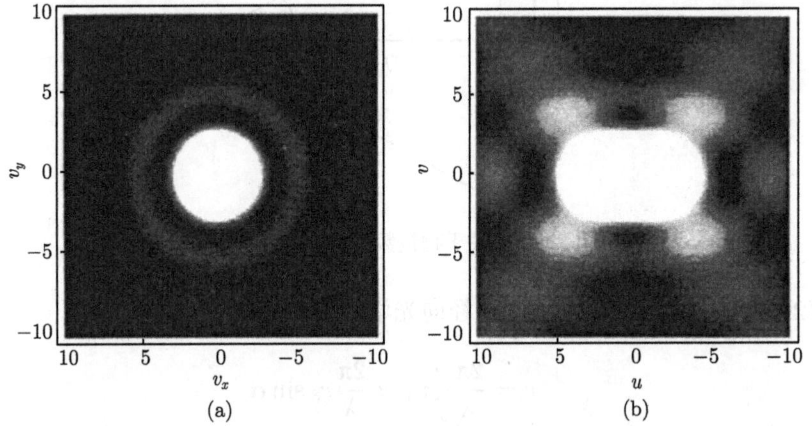

图 3.2.4　单一圆透镜在 (a) 焦平面处以及 (b) 焦点附近光轴处的光强分布。图中数据范围从 0 到 0.1，为与最大光强归一化后的光强数值。v_x 与 v_y 为横向平面内的两个正交方向

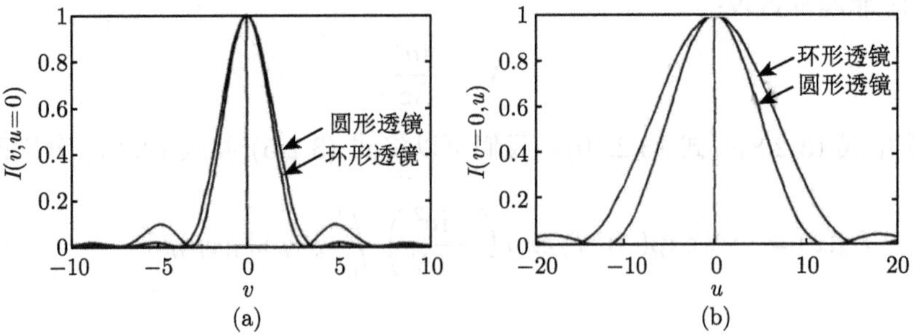

图 3.2.5　圆形和环形透镜 ($\varepsilon = 0.5$) 焦平面中沿 (a) 径向和 (b) 光轴方向与最大光强归一化后的光强分布

方向与最大光强归一化后的光强分布。大约 80%的入射能量局域在中心亮点处。当径向坐标位置到达 $v=3.83$ 时光强降至 0。在式 (3.2.9) 中，我们可以得出，中心斑点的尺寸反比于数值孔径，正比于入射光波长。这一结果对决定图像分辨率十分重要，中心光点的尺寸越小，图像分辨率越高。

为了了解圆透镜散焦平面处的衍射图样，我们将式 (3.2.6) 代入式 (3.2.4)，并利用极坐标，获得

$$\begin{aligned}U_3(r_3) =&\frac{\mathrm{i}}{\lambda z}\exp(-\mathrm{i}kz)\exp\left(-\frac{\mathrm{i}\pi r_3^2}{\lambda z}\right)\\&\times\int_0^\infty P(r_2)\exp\left[\frac{\mathrm{i}kr_2^2}{2}\left(\frac{1}{f}-\frac{1}{z}\right)\right]\mathrm{J}_0\left(\frac{2\pi r_2 r_3}{\lambda z}\right)2\pi r_2\mathrm{d}r_2\end{aligned}\tag{3.2.15}$$

其中，入射光强 U_0 被设为单位强度并且未丧失普遍性。简化起见，我们设

$$P(r_2,z)=P(r_2)\exp\left[\frac{\mathrm{i}kr_2^2}{2}\left(\frac{1}{f}-\frac{1}{z}\right)\right]\tag{3.2.16}$$

即透镜散焦瞳函数。因此，式 (3.2.15) 可以改写成

$$U_3(r_3)=\frac{\mathrm{i}}{\lambda z}\exp(-\mathrm{i}kz)\exp\left(-\frac{\mathrm{i}\pi r_3^2}{\lambda z}\right)\int_0^\infty P(r_2,z)\mathrm{J}_0\left(\frac{2\pi r_2 r_3}{\lambda z}\right)2\pi r_2\mathrm{d}r_2\tag{3.2.17}$$

根据附录 B，式 (3.2.17) 即为瞳函数 $P(r_2,\ z)$ 的汉克尔变换结果。这样透镜散焦平面处的光场 $U_3(r_3)$ 即为透镜散焦瞳函数的二维傅里叶变换。

在此情形下，我们可以引入如下两个光学坐标系。

(1) 径向 (横向) 光学坐标 v。由于考虑了散焦平面，坐标 v 的定义变成

$$v=\frac{2\pi}{\lambda}\frac{a}{z}r_3\approx\frac{2\pi}{\lambda}\frac{a}{f}r_3\approx\frac{2\pi}{\lambda}r_3\sin\alpha\tag{3.2.18}$$

(2) 轴向光学坐标u：

$$u=\frac{2\pi}{\lambda}a^2\left(\frac{1}{f}-\frac{1}{z}\right)\approx\frac{2\pi}{\lambda}\Delta z\frac{a^2}{f^2}\tag{3.2.19}$$

利用式 (3.2.17) 中的 v 和 u 坐标，光场 U_3 可表示为散焦距离 u 的显函数：

$$U_3(v,u)=2\mathrm{i}N\exp(-\mathrm{i}kf)\exp\left(-\frac{\mathrm{i}v^2}{4N}\right)\int_0^1 P(\rho)\exp\left(\frac{\mathrm{i}u\rho^2}{2}\right)\mathrm{J}_0(v\rho)\rho\mathrm{d}\rho\tag{3.2.20}$$

其中，$\rho=r_2/a$。

对于均匀圆孔径的透镜，式 (3.2.20) 可以简化为

$$U_3(v,u) = 2\mathrm{i}N\exp(-\mathrm{i}kf)\exp\left(-\frac{\mathrm{i}v^2}{4N}\right)\int_0^1 \exp\left(\frac{\mathrm{i}u\rho^2}{2}\right)\mathrm{J}_0(v\rho)\rho\mathrm{d}\rho \tag{3.2.21}$$

这一结果考虑了焦平面附近的三维衍射图样。整体上，$U_3(v, u)$ 可以被表达为洛默尔函数 (Lommel function) 或以数值积分评价 [3.1]。当 $u = 0$，也就是说当观察平面即在焦点处，聚焦强度即为式 (3.2.14)。当 $v = 0$ 时，光轴方向光强变成

$$I(v=0,u) = |U_3(v=0,u)|^2 = (N)^2\left[\frac{\sin(u/4)}{u/4}\right]^2 \tag{3.2.22}$$

图 3.2.5(b) 给出了与最大值归一化后的结果。光轴子午平面内的光强分布 $I(v, u)$ 结果作图于图 3.2.4(b)。正如可能的预期结果，光强表现出关于 $z = f$ 焦平面的对称性分布。图 3.2.4 还表现出，轴向衍射光斑尺寸大致为横向光斑尺寸的 3 倍。

3.2.2　环形透镜

如果一个不透明圆盘结构与透镜孔径共轴存在，我们可以将其称为环形透镜。此时，瞳函数可以表示为

$$P(\rho) = \begin{cases} 1, & \varepsilon < \rho \leqslant 1 \\ 0, & \text{其他情况} \end{cases} \tag{3.2.23}$$

其中，ε 是中心障碍物的半径与透镜孔径半径 a 归一化后的比值。将式 (3.2.23) 代入式 (3.2.20)，我们可以获得

$$U_3(v,u) = 2\mathrm{i}N\exp(-\mathrm{i}kf)\exp\left(-\frac{\mathrm{i}v^2}{4N}\right)\int_\varepsilon^1 P(\rho)\exp\left(\frac{\mathrm{i}u\rho^2}{2}\right)\mathrm{J}_0(v\rho)\rho\mathrm{d}\rho \tag{3.2.24}$$

焦平面 $(u = 0)$ 处光场分布变为

$$U_3(v,u=0) = \mathrm{i}N\exp(-\mathrm{i}kf)\exp\left(-\frac{\mathrm{i}v^2}{4N}\right)\left\{\left[\frac{2\mathrm{J}_1(v)}{v}\right] - \varepsilon^2\left[\frac{2\mathrm{J}_1(\varepsilon v)}{\varepsilon v}\right]\right\} \tag{3.2.25}$$

而轴向光场 $(v = 0)$ 的分布为

$$U_3(v=0,u) \propto \mathrm{i}N(1-\varepsilon^2)\exp(-\mathrm{i}kf)\left[\frac{\sin[u(1-\varepsilon^2)/4]}{u(1-\varepsilon^2)/4}\right] \tag{3.2.26}$$

式 (3.2.26) 中的结果表明，环形透镜的 ($\varepsilon \neq 0$) 的聚焦深度大于圆透镜 ($\varepsilon = 0$)。此时，对于一个薄环形透镜，也就是当 $\varepsilon \to 1$ 时，

$$U_3(v=0,u) \propto \mathrm{i}N\exp(-\mathrm{i}kf)\left[-\frac{\mathrm{i}v^2}{4N}\right]\mathrm{J}_0(v) \tag{3.2.27}$$

这里暗示了环形透镜产生的沿传播方向的光强为一常值。产生式 (3.2.27) 的物理原理可以归结为薄环形透镜产生的衍射波包含了沿透镜数值孔径约束方向的平面波。式 (3.2.27) 中的波由于沿传播方向保持原有尺寸，即为无衍射光束 [3.5]，这也可以通过一个轴棱锥产生 [3.6]。在光学显微技术中，由于具有较大的聚焦深度，无衍射光束往往发挥着重要的作用 [3.7]。

举例来说，图 3.2.6 给出了 $\varepsilon = 0.5$ 的环形透镜在焦平面和子午面中焦点附近的光强分布。图 3.2.5 给出了沿径向和轴向的光强分布。这些图中的结果清晰表明，环形透镜的聚焦深度显著大于图 3.2.4 中圆透镜的聚焦深度。此外，环形透镜焦平面处的半峰全宽值被减弱。这意味着环形透镜产生的横向分辨率高于圆透镜。

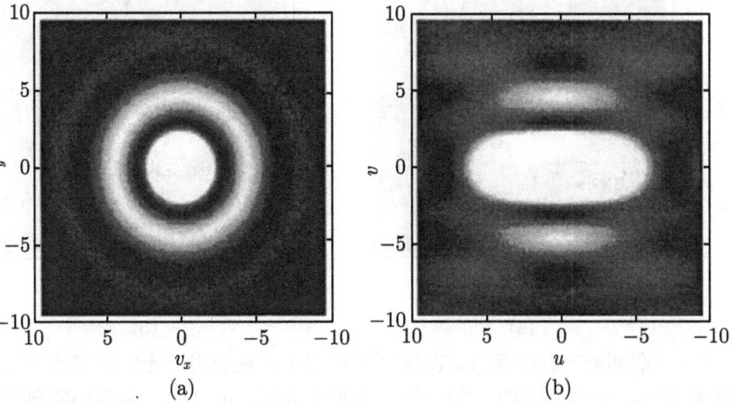

图 3.2.6 单一环形透镜 ($\varepsilon = 0.5$)(a) 在焦平面和 (b) 在焦点附近光轴区域的光强分布。图中数据范围从 0 到 0.1，为与最大光强归一化后的光强数值。v_x 与 v_y 分别为横向平面内的两个正交方向

3.2.3 “甜甜圈” 形透镜

“甜甜圈” 形透镜被认为是一个圆透镜蒙上空间相位滤波的结果，往往可以改变入射光横向平面内 2π 整数倍的相位。这一蒙板可以被放在透镜的孔径平面中，或者透镜的焦平面之前。两种情况下，“甜甜圈” 形透镜的有效瞳函数均可表示为

$$P(\rho,\varphi) = \begin{cases} \exp(\mathrm{i}n\varphi), & \rho \leqslant 1 \\ 0, & \text{其他情况} \end{cases} \tag{3.2.28}$$

其中，n 被称为奇点处的拓扑荷数。式 (3.2.28) 意味着入射光的相位在透镜中心处附近改变了 $2\pi\, n$ 的大小。如 2.5.4 节中的讨论所示，轴向的光强为零。这就是为什么式 (3.2.8) 中的瞳函数所描述的透镜被称为“甜甜圈”形透镜。

由于瞳函数的角度依赖性，式 (3.2.28) 不可以直接代入式 (3.2.20)。在式 (3.2.4) 中透镜平面和焦平面引入极坐标，并对径向坐标除以半径 a 进行归一化可得

$$\begin{aligned}U_3(v,\Psi,u) =& \frac{\mathrm{i}N\exp(-\mathrm{i}kf)}{\pi}\exp\left(-\frac{\mathrm{i}v^2}{4N}\right)\\&\times\int_0^{2\pi}\int_0^1 P(\rho,\varphi)\exp\left(\frac{\mathrm{i}u\rho^2}{2}\right)\exp[\mathrm{i}v\rho\cos(\varphi-\Psi)]\rho\mathrm{d}\rho\mathrm{d}\varphi\end{aligned}\tag{3.2.29}$$

其中，v 和 u 可由式 (3.2.18) 和式 (3.2.19) 获得，φ 和 Ψ 是透镜平面和观察平面的极坐标角度。式 (3.2.29) 并没有解析解。当 $n=1$ 时，式 (3.2.29) 的数值计算结果如图 3.2.7 所示。可以明显看出，此时焦平面中心处的光强为零。

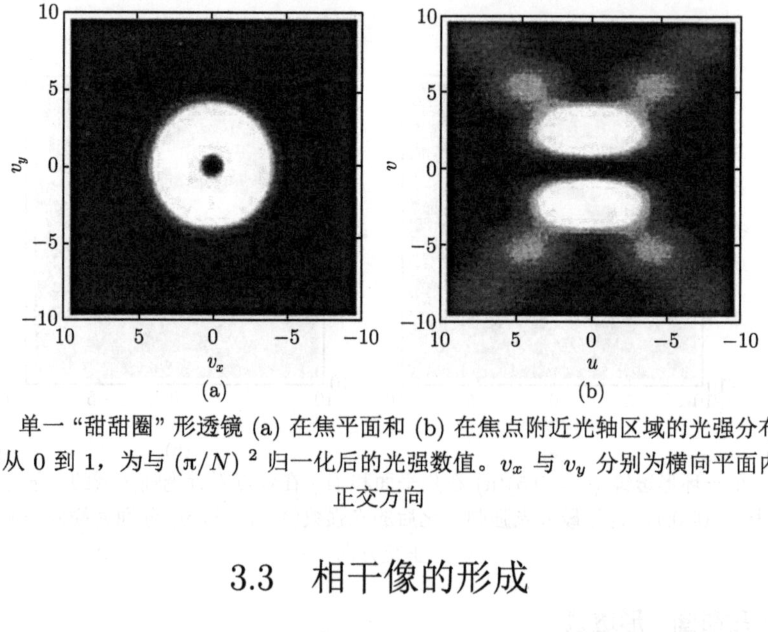

图 3.2.7　单一“甜甜圈”形透镜 (a) 在焦平面和 (b) 在焦点附近光轴区域的光强分布。图中数据范围从 0 到 1，为与 $(\pi/N)^2$ 归一化后的光强数值。v_x 与 v_y 分别为横向平面内的两个正交方向

3.3　相干像的形成

在 3.2 节中，关于透镜衍射的图样的推导基于均匀入射光条件。为了分析一个透镜或透镜系统的成像，我们需要考虑在透镜前放置的物体。在这一节，我们假设对一个薄物体利用薄透镜进行成像。关于较厚物体的薄透镜成像结果，将在 3.4 节讨论。

考虑在一个薄透镜前距离为 d_1 处的平面上放置一个薄物体。为了推导出透镜后端距离 d_2 处的平面上获得的成像，我们首先建立起一个三维坐标系 (图 3.3.1)。

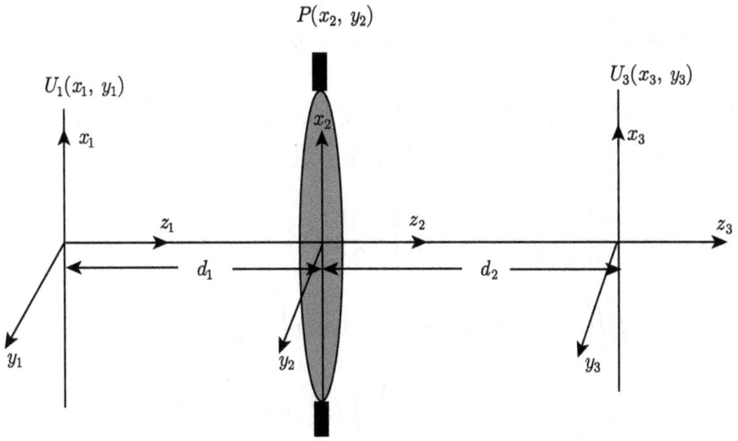

图 3.3.1 单透镜成像分析的三维坐标系统

其中，x_1-y_1-z_1 和 x_3-y_3-z_3 的空间分别称为薄透镜的物空间和像空间。相应的 x_1-y_1 和 x_3-y_3 平面称为物平面和像平面。透镜所在平面称为透镜平面 (也就是 x_2-y_2 平面)，这样透镜的瞳函数即为 $P(x_2,y_2)$。如果一个均匀的平面波 (U_0= 1) 照射在物体上，照射在物体后的光场可表达为 $U_1(x_1,y_1) = o(x_1,y_1)$，其中 $o(x_1, y_1)$ 为物体的透镜振幅。将式 (2.4.5) 代入菲涅耳衍射关系，我们可以得到透镜前的光场分布 $U_2(x_2,y_2)$ 为

$$U_2(x_2,y_2) = \frac{\mathrm{i}\exp(-\mathrm{i}kd_1)}{\lambda d_1} \times \iint_{-\infty}^{\infty} o(x_1,y_1)\exp\left\{-\frac{\mathrm{i}k}{2d_1}[(x_2-x_1)^2+(y_2-y_1)^2]\right\}\mathrm{d}x_1\mathrm{d}y_1 \tag{3.3.1}$$

利用式 (3.1.9) 中透镜透过率的表达式，我们可以表达出透镜后端的光场分布为

$$U_2(x_2,y_2) = \frac{\mathrm{i}\exp(-\mathrm{i}kd_1)}{d_1\lambda}P(x_2,y_2)\exp\left[\frac{\mathrm{i}k}{2f}(x_2^2+y_2^2)\right] \times \iint_{-\infty}^{\infty} o(x_1,y_1)\exp\left\{-\frac{\mathrm{i}k}{2d_1}\left[(x_2-x_1)^2+(y_2-y_1)^2\right]\right\}\mathrm{d}x_1\mathrm{d}y_1 \tag{3.3.2}$$

将式 (3.3.2) 代入式 (2.4.5) 的菲涅耳衍射方程，我们可以得到像平面的光场分布为

$$U_3(x_3,y_3) = \frac{\exp[-\mathrm{i}k(d_1+d_2)]}{d_1d_2\lambda^2}\iiiint_{-\infty}^{\infty} P(x_2,y_2)o(x_1,y_1) \times \exp\left[\frac{\mathrm{i}k}{2f}(x_2^2+y_2^2)\right]\exp\left\{-\frac{\mathrm{i}k}{2d_1}[(x_2-x_1)^2+(y_2-y_1)^2]\right\} \tag{3.3.3}$$

$$\times \exp\left\{-\frac{\mathrm{i}k}{2d_2}[(x_3-x_2)^2+(y_3-y_2)^2]\right\}\mathrm{d}x_1\mathrm{d}y_1\mathrm{d}x_2\mathrm{d}y_2 \tag{3.1}$$

不考虑对最终光强的影响，我们可以忽视式 (3.3.3) 中的负号。为了简化式 (3.3.3)，让我们将式 (3.3.3) 中的两个二次方相位因子进行展开，即

$$\begin{aligned}U_3(x_3,y_3)=&\frac{\exp[-\mathrm{i}k(d_1+d_2)]}{d_1d_2\lambda^2}\exp\left[-\frac{\mathrm{i}k}{2d_2}(x_3^2+y_3^2)\right]\\&\times\iiiint_{-\infty}^{\infty}P(x_2,y_2)o(x_1,y_1)\exp\left[-\frac{\mathrm{i}k}{2d_1}(x_1^2+y_1^2)\right]\\&\times\exp\left[\frac{\mathrm{i}k}{2}\left(\frac{1}{f}-\frac{1}{d_1}-\frac{1}{d_2}\right)(x_2^2+y_2^2)\right]\\&\times\exp\left\{\mathrm{i}k\left[\frac{x_2}{d_1}\left(x_1+\frac{d_1}{d_2}x_3\right)+\frac{y_2}{d_1}\left(y_1+\frac{d_1}{d_2}y_3\right)\right]\right\}\mathrm{d}x_1\mathrm{d}y_1\mathrm{d}x_2\mathrm{d}y_2\end{aligned} \tag{3.3.4}$$

这一表达给出了薄物体与其像之间的一般关系。式 (3.3.4) 中的平方项给出了实验中可以观察到的图像强度。但是式 (3.3.4) 中物、镜、像平面处含有三个二次方相位项，直接从该式中获得像的主要性质依然是困难的。下面，我们将给出关于式 (3.3.4) 三种情形的讨论。

3.3.1　透镜成像规律

几何光学中，透镜成像规律可表达为 [3.2]

$$\frac{1}{d_1}+\frac{1}{d_2}=\frac{1}{f} \tag{3.3.5}$$

若满足式 (3.3.5)，则式 (3.3.4) 中镜平面的二次方相位消失，这样式 (3.3.4) 可简化为

$$\begin{aligned}U_3(x_3,y_3)=&\frac{M\exp\left[-\mathrm{i}kd_1(1+1/M)\right]}{d_1^2\lambda^2}\exp\left[-\frac{\mathrm{i}kM}{2d_1}(x_3^2+y_3^2)\right]\\&\times\iiiint_{-\infty}^{\infty}P(x_2,y_2)o(x_1,y_1)\exp\left[-\frac{\mathrm{i}k}{2d_1}(x_1^2+y_1^2)\right]\\&\times\exp\left\{\frac{\mathrm{i}k}{d_1}[x_2(x_1+Mx_3)+y_2(y_1+My_3)]\right\}\mathrm{d}x_1\mathrm{d}y_1\mathrm{d}x_2\mathrm{d}y_2\end{aligned} \tag{3.3.6}$$

这里 M 为透镜的缩小因子，定义为

$$M = d_1/d_2 \tag{3.3.7}$$

利用式 (3.3.7) 对 x_2 和 y_2 进行积分，我们有

$$\begin{aligned} U_3(x_3, y_3) =& \frac{M\exp[-\mathrm{i}kd_1(1+1/M)]}{d_1^2\lambda^2}\exp\left[-\frac{\mathrm{i}kM}{2d_1}(x_3^2+y_3^2)\right] \\ &\times \iint_{-\infty}^{\infty} o(x_1, y_1)\exp\left[-\frac{\mathrm{i}k}{2d_1}(x_1^2+y_1^2)\right]h(x_1+Mx_3, y_1+My_3)\mathrm{d}x_1\mathrm{d}y_1 \end{aligned} \tag{3.3.8}$$

其中，方程 $h(x,y)$ 可定义为

$$h(x,y) = \iint_{-\infty}^{\infty} P(x_2, y_2)\exp\left[\frac{\mathrm{i}k}{d_1}(x_2x+y_2y)\right]\mathrm{d}x_2\mathrm{d}y_2 \tag{3.3.9}$$

即瞳函数 $P(x_2, y_2)$ 的二维傅里叶变换。

在进一步简化式 (3.3.8) 之前，我们需要了解方程 $h(x, y)$ 的重要性。假设一个物体可表示为一个点：$o(x_1, y_1) = \delta(x_1)\delta(y_1)$. 这里 $\delta(x_1)$ 和 $\delta(y_1)$ 是两个 δ(delta) 函数 (见附录 C)。将上式代入式 (3.3.8)，我们可以获得单个点所成的像：

$$U_3(x_3, y_3) = \frac{M\exp[-\mathrm{i}kd_1(1+1/M)]}{d_1^2\lambda^2}\exp\left[-\frac{\mathrm{i}kM}{2d_1}(x_3^2+y_3^2)\right]h(Mx_3, My_3) \tag{3.3.10}$$

因此可以澄清式 (3.3.9) 中函数 $h(x, y)$ 定义了单个点的像。$h(x, y)$ 即为二维点扩散函数 (point spread function, PSF)。考虑到这一函数给出了光场的复振幅表达，亦可称为二维振幅点扩散函数 (amplitude point spread function, APSF)。式 (3.3.10) 有时也称为光学系统的脉冲响应 [3.2]。

在了解到 $h(x, y)$ 表示了单个点成像后，人们可以假设对于一个良好的成像系统，$h(x, y)$ 可以在物理上表达为该点物体附近的函数。换言之，只要 $h(x, y)$ 函数中 x 和 y 不等于零，$h(x, y)$ 将会快速减小。因此我们可以利用式 (3.3.8) 中的关系

$$\begin{cases} x_1 = -Mx_3 \\ y_1 = -My_3 \end{cases} \tag{3.3.11}$$

来简化上述积分中的二次方相位项。从而，式 (3.3.8) 可以被简化为

$$\begin{aligned} U_3(x_3, y_3) =& \frac{M\exp[-\mathrm{i}kd_1(1+1/M)]}{d_1^2\lambda^2}\exp\left[-\frac{\mathrm{i}kM}{2d_1}(x_3^2+y_3^2)(1+M)\right] \\ &\times \iint_{-\infty}^{\infty} o(x_1, y_1)h(x_1+Mx_3, y_1+My_3)\mathrm{d}x_1\mathrm{d}y_1 \end{aligned} \tag{3.3.12}$$

显然，式 (3.3.12) 是一个卷积关系。因此，薄物体的像场可以表示为成像透镜二维振幅点扩散函数影响下的关于物体透射的二维卷积。换言之，物体的像可以表示为像平面中 Mx_3 和 My_3 处一系列振幅点扩散函数的叠加，其强度取决于物体透过率 $o(x_1, y_1)$。这样，一个更窄的振幅点扩散函数可以让不同位置处的点扩散函数间产生更少的串扰。

如果透镜尺寸很大，二维振幅点扩散函数变为一个点 $h(x,y) = \delta(x)\delta(y)$, 此时，像平面上点扩散函数之间不存在串扰。这样物体的像为

$$\begin{aligned}U_3(x_3,y_3) =&\frac{M\exp[-\mathrm{i}kd_1(1+1/M)]}{d_1^2\lambda^2}\\&\times\exp\left[-\frac{\mathrm{i}kM}{2d_1}(x_3^2+y_3^2)(1+M)\right]o(-Mx_3,-My_3)\end{aligned} \tag{3.3.13}$$

式 (3.3.13) 的结果意味着，如果透镜远大于物体，物体的像将是该物体在像平面处的放大倒立复刻。这一结论与几何光学中的预测结果一致 [3.1]。

像的光强可以由式 (3.3.12) 中的平方项获得

$$I_3(x_3,y_3) = \left(\frac{M}{d_1^2\lambda^2}\right)\left|\iint_{-\infty}^{\infty} o(x_1,y_1)h(x_1+Mx_3,y_1+My_3)\mathrm{d}x_1\mathrm{d}y_1\right|^2 \tag{3.3.14}$$

3.3.2　散焦效应

本节中考虑的第二个情形是物、像平面的位置并不满足透镜成像规律，见式 (3.3.5)，即

$$\frac{1}{d_1}+\frac{1}{d_2}-\frac{1}{f}\neq 0$$

如果满足透镜成像规律的条件为聚焦条件，则上式意味着“散焦效应”。

让我们考虑不太大的散焦距离 d_1 和 d_2，并假设

$$\frac{1}{d_0}=\frac{1}{d_1}+\frac{1}{d_2}-\frac{1}{f} \tag{3.3.15}$$

这样，我们可以获得一个有效的瞳函数 $P_{\mathrm{eff}}(x_2, y_2)$:

$$P_{\mathrm{eff}}(x_2,y_2) = P(x_2,y_2)\exp\left[-\frac{\mathrm{i}k}{2d_0}(x_2^2+y_2^2)\right] \tag{3.3.16}$$

这也称为成像系统的散焦瞳函数。因此，我们可以引入一个新的方程：

$$h'(x,y) = \iint_{-\infty}^{\infty} P_{\mathrm{eff}}(x_2,y_2)\exp\left[\frac{\mathrm{i}k}{d_1}(x_2x+y_2y)\right]\mathrm{d}x_2\mathrm{d}y_2 \tag{3.3.17}$$

这样式 (3.3.4) 可以被改写为

$$
\begin{aligned}
U_3(x_3,y_3) =&\frac{M\exp[-\mathrm{i}kd_1(1+1/M)]}{d_1^2\lambda^2}\exp\left[-\frac{\mathrm{i}kM}{2d_1}(x_3^2+y_3^2)(1+M)\right]\\
&\times\iint_{-\infty}^{\infty}o(x_1,y_1)h'(x_1+Mx_3,y_1+My_3)\mathrm{d}x_1\mathrm{d}y_1
\end{aligned}
\tag{3.3.18}
$$

此时像的光强可表达为

$$
I_3(x_3,y_3)=\left(\frac{M}{d_1^2\lambda^2}\right)^2\left|\iint_{-\infty}^{\infty}o(x_1,y_1)h'(x_1+Mx_3,y_1+My_3)\mathrm{d}x_1\mathrm{d}y_1\right|^2 \tag{3.3.19}
$$

从式 (3.3.18) 中可以看出所成的像即为物体透射卷积与函数 $h'(x,y)$ 的共同影响。不难看出，$h'(x,y)$ 即单个点在散焦平面上的像。因此，$h'(x,y)$ 称为散焦振幅点扩散函数。式 (3.3.11) 中 $1/d_0$ 需要较小值。否则，$h'(x,y)$ 将会展宽，也就是说 $h'(x,y)$ 减小缓慢。由于描述了单个点在三维空间 (x,y 和散焦距离) 中的像，$h'(x,y)$ 也称为三维振幅点扩散函数。这一性质将在 3.4 节中详细讨论。

举例来说，我们可以考虑一个半径为 a 的圆透镜。此时，式 (3.3.17) 中的散焦点扩散函数可以简化为

$$
h'(v,u)=\int_0^1 P(\rho)\exp(-\mathrm{i}u\rho^2/2)\mathrm{J}_0(v\rho)2\pi\rho\mathrm{d}\rho \tag{3.3.20}
$$

其中，径向与轴向的光学坐标 v 及 u 可以表示为

$$
\begin{cases}
v=\dfrac{2\pi}{\lambda}r\dfrac{a}{d_1}\approx\dfrac{2\pi}{\lambda}r\sin\alpha_0\\
u=\dfrac{2\pi}{\lambda}a^2\left(\dfrac{1}{d_1}+\dfrac{1}{d_2}-\dfrac{1}{f}\right)
\end{cases}
\tag{3.3.21}
$$

这里，$\sin\alpha_0$ 即为透镜物空间的数值孔径。值得注意的是，除了前相位因子外，式 (3.3.20) 与式 (3.3.21) 的分布相同。当满足透镜定律 (即 $u=0$) 时，式 (3.3.20) 可以简化为单透镜的二维振幅点扩散函数：

$$
h'(v,u=0)=\pi\left[\frac{2\mathrm{J}_0(v)}{v}\right] \tag{3.3.22}
$$

根据式 (3.2.4) 和式 (3.2.5)，式 (3.3.22) 中心光斑大小随着透镜数值孔径的增加而减小。换言之，高数值孔径透镜会产生高分辨率的图像。

3.3.3 阿贝成像理论

为介绍阿贝成像理论，我们首先考虑物、像平面满足 $d_1 = d_2 = f$。这意味着式 (3.3.11) 不再成立，暗示着物像平面之间不再满足成像关系。为了探究两平面之间的光场关系，我们假设透镜尺寸很大，且瞳函数均一，即 $P(x, y)=1$。因此，式 (3.3.4) 变为

$$
\begin{aligned}
U_3(x_3, y_3) =& \frac{\exp(-2\mathrm{i}kf)}{f^2\lambda^2} \exp\left[-\frac{\mathrm{i}k}{2f}(x_3^2 + y_3^2)\right] \\
&\times \iiiint_{-\infty}^{\infty} o(x_1, y_1) \exp\left[-\frac{\mathrm{i}k}{2f}(x_1^2 + y_1^2)\right] \exp\left[-\frac{\mathrm{i}k}{2f}(x_2^2 + y_2^2)\right] \\
&\times \exp\left\{\frac{\mathrm{i}k}{f}[x_2(x_1 + x_3) + y_2(y_1 + y_3)]\right\} \mathrm{d}x_1\mathrm{d}y_1\mathrm{d}x_2\mathrm{d}y_2
\end{aligned}
\tag{3.3.23}
$$

式 (3.3.23) 中关于 x_2 及 y_2 的积分可表示为

$$
\iint_{-\infty}^{\infty} \exp\left[-\frac{\mathrm{i}k}{2f}(x_2^2 + y_2^2)\right] \exp\left\{\frac{\mathrm{i}k}{f}[x_2(x_1 + x_3) + y_2(y_1 + y_3)]\right\} \mathrm{d}x_2\mathrm{d}y_2 \tag{3.3.24}
$$

即关于复高斯函数的二维傅里叶变换：$\exp\left[-\mathrm{i}k(x_2^2 + y_2^2)/(2f)\right]$。

设

$$
\begin{cases}
x = x_1 + x_3, \\
y = y_1 + y_3.
\end{cases}
\tag{3.3.25}
$$

这样，式 (3.3.24) 变成

$$
\begin{aligned}
&\exp\left[\frac{\mathrm{i}k}{2f}(x^2 + y^2)\right] \iint_{-\infty}^{\infty} \exp\left\{-\frac{\mathrm{i}k}{2f}\left[(x_2 - x)^2 + (y_2 - y)^2\right]\right\} \mathrm{d}x_2\mathrm{d}y_2 \\
=&\exp\left[\frac{\mathrm{i}k}{2f}(x^2 + y^2)\right] \iint_{-\infty}^{\infty} \exp\left[-\frac{\mathrm{i}k}{2f}(x'^2 + y'^2)\right] \mathrm{d}x'\mathrm{d}y'
\end{aligned}
\tag{3.3.26}
$$

其中，$x' = x_2 - x$，$y' = y_2 - y$。利用如下方程：

$$
\int_0^{\infty} \sin x^2 \mathrm{d}x = \int_0^{\infty} \cos x^2 \mathrm{d}x = \frac{1}{2}\sqrt{\frac{\pi}{2}}
$$

我们可以发现式 (3.3.26) 等于

$$
\frac{2\pi f}{\mathrm{i}k} \exp\left[\frac{\mathrm{i}k}{2f}(x^2 + y^2)\right] \tag{3.3.27}
$$

将式 (3.3.24)、式 (3.3.25) 以及式 (3.3.27) 代入式 (3.3.23)，我们发现 x_1-y_1 与 x_3-y_3 平面的二次项彼此抵消。这样式 (3.3.23) 变为

$$U_3(x_3, y_3) = \frac{\exp(-2\mathrm{i}kf)}{\mathrm{i}\lambda f} \iint_{-\infty}^{\infty} o(x_1, y_1) \exp\left[\frac{\mathrm{i}k}{f}(x_1 x_3 + y_1 y_3)\right] \mathrm{d}x_1 \mathrm{d}y_1 \quad (3.3.28)$$

即为物函数 $o(x_1, y_1)$ 的二维傅里叶变换。这一表述意味着如果一个物体放置在薄透镜的前焦平面处，后焦平面处的光场即为物函数的二维傅里叶变换，亦即物函数的夫琅禾费衍射。换言之，人们可以在透镜后焦平面处观察到薄物体的傅里叶频谱。需要强调的是，式 (3.3.28) 只有在透镜尺寸明显大于物体尺寸时才成立。

根据二维傅里叶变换的定义，以及附录 A 中式 (A.3.3)，我们可以发现透镜后焦平面处坐标的空间傅里叶频谱可以表示为

$$\begin{cases} m = -\dfrac{x_3}{\lambda f} \\ n = -\dfrac{y_3}{\lambda f} \end{cases} \quad (3.3.29)$$

其中，m 以及 n 分别为傅里叶频谱沿 x 和 y 方向的空间频率。关于空间频率的详细讨论将在第 4 章中展开。

需要注意的是，与式 (3.2.3) 不同，式 (3.3.28) 表示的二维傅里叶变换过程并不包括任何二次的相位项。这一重要结果提供了傅里叶光学系统的物理基础 [3.2]。这也让人们可以即时进行二维傅里叶变换，这一点通常在光信号处理与光学计算中十分重要。

为了理解式 (3.3.28) 中的关系，我们需要提及两个特殊情形。如果 $o(x_1, y_1)$ 是一个常数，且透镜瞳函数较大，$U_3(x_3, y_3)$ 在后焦平面处是一个 delta 函数 (见附录 C)。当 $o(x_1, y_1)$ 是一个点，即 $o(x_1, y_1)$ 为一个 delta 函数时，则 $U_3(x_3, y_3)$ 为一常数。

由于前后焦平面处的光场并不满足卷积关系，后焦平面处光场并不是前焦平面处物体的像。为了获得前焦平面处物体的像，我们需要利用另一个透镜。让我们首先考虑图 3.3.2 中一个等放大倍率的系统。在这个系统中，第一个透镜的后焦平面与第二个透镜的前焦平面重合，我们用 $U_1(x_1, y_1)$、$U_2(x_2, y_2)$ 以及 $U_3(x_3, y_3)$ 分别来表示第一个透镜的前焦平面、第一个透镜的后焦平面 (或第二个透镜的前焦平面) 以及第二个透镜的后焦平面。

如果 P_1 和 P_2 两个透镜的瞳函数均明显大于物体尺寸，且物体放置于第一个透镜的前焦平面处，则第一个透镜的后焦平面处的光场分布函数可表示为

$$U_2(x_2, y_2) = F\{U_1(x_1, y_1)\} \quad (3.3.30)$$

这里 F 表示式 (3.3.28) 中的二维傅里叶变换，其中一个常数相位项已被忽略。因此第二个透镜的后焦平面处光场 $U_3(x_3, y_3)$ 可以表示为

$$U_3(x_3, y_3) = F\left\{U_2(x_2, y_2)\right\} = U_1(-x_1, -y_1) \tag{3.3.31}$$

这里的负号表示结果为等大倒立实像。

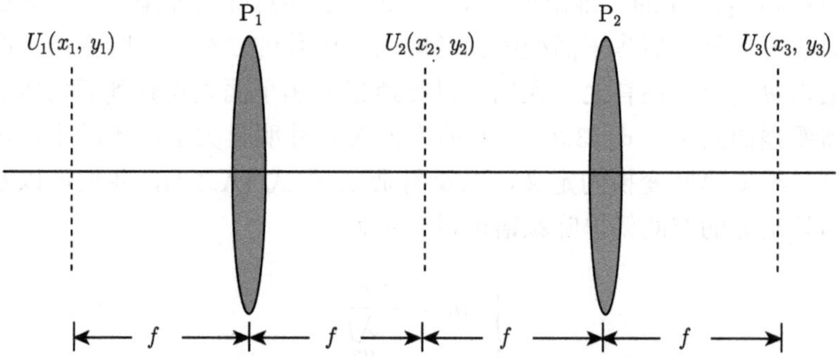

图 3.3.2　等放大倍率的阿贝成像系统：$4f$ 光学成像系统

事实上，图 3.3.2 即表现了阿贝成像的理论，即相干成像的两个步骤。首先，物体作为一个光栅在透镜的后焦平面处产生夫琅禾费衍射图样 (见式 (3.3.28))。第二步中，产生的夫琅禾费衍射作为二级波源产生次级干涉图样，即第二透镜后焦平面处的成像 $U_3(x_3, y_3)$。在傅里叶光学中，图 3.3.2 被称为 $4f$ 系统，也是成像系统的基本装置。

实际情况中，第一透镜和第二透镜的焦距 f_1 与 f_2 可能并不相同，此时，我们有

$$U_3(x_3, y_3) = U_1(-x_1 M, -y_1 M) \tag{3.3.32}$$

其中，M 是成像系统的缩小因子：

$$M = f_1/f_2 \tag{3.3.33}$$

由于第一个透镜的后焦平面处光场为前焦平面处物体的傅里叶光谱，所以我们将后焦平面称为该透镜的傅里叶频谱面 S。如式 (3.3.32)，如果 S 平面上没有空间阻挡物，则 $U_3(x_3, y_3) = U_1(-x_1 M, -y_1 M)$。如图 3.3.3 所示，我们在 S 平面处放置一个透过率为 P 的掩模，这样，第二个透镜后焦平面处的成像可以表示为

$$U_3(x_3, y_3) = \iint_{-\infty}^{\infty} U_1(x_1, y_1) h(x_1 + x_3 M, y_1 + y_3 M) \mathrm{d}x_1 \mathrm{d}y_1 \tag{3.3.34}$$

其中，

$$h(x, y) = \iint_{-\infty}^{\infty} P(x_2, y_2) \exp\left[\frac{\mathrm{i}k}{f_1}(x_2 x + y_2 y)\right] \mathrm{d}x_2 \mathrm{d}y_2 \tag{3.3.35}$$

即掩模透过率 $P(x_2, y_2)$ 的二维傅里叶变换。函数 $P(x_2, y_2)$ 有时也称为图 3.3.3 中成像系统的瞳函数。掩模 P 的作用将在 4.7 节中讨论。其中 $U_1(x_1, y_1)$ 表示一个单点，即一个 delta 函数，而像 $U_3(x_3, y_3)$ 可表示为 $h(x_3M, y_3M)$。显然，函数 $h(x, y)$ 是图 3.3.3 中成像系统的点扩散函数。

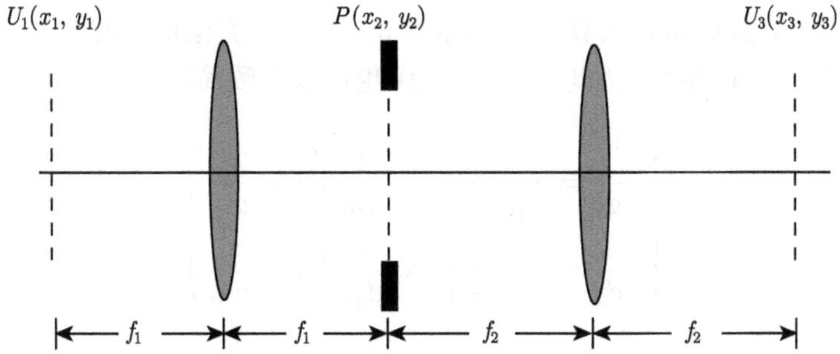

图 3.3.3 实际情况中的阿贝成像系统。放大倍率为 f_1/f_2

3.4 空间不变特性

在 3.3 节，我们指出式 (3.3.17) 中 $h'(x,y)$ 是一个三维振幅点扩散函数。为了进一步研究这一性质，我们需要证明这一函数关于变量 $1/d_0$ 具有三维空间的不变性。因此，这一结果可以用来描述有限厚度物体的三维成像。为此，我们将 $h'(x,y)$ 表示为

$$
\begin{aligned}
h'(x,y) = &\iint_{-\infty}^{\infty} P(x_2,y_2)\exp\left[\frac{\mathrm{i}k}{2}\left(\frac{1}{f}-\frac{1}{d_1}-\frac{1}{d_2}\right)(x_2^2+y_2^2)\right] \\
&\times \exp\left[\frac{\mathrm{i}k}{d_1}(x_2x+y_2y)\right]\mathrm{d}x_2\mathrm{d}y_2
\end{aligned}
\tag{3.4.1}
$$

其中利用了式 (3.3.15)。考虑到物、像平面位置并不满足透镜成像定律。此时，根据图 3.3.1，我们可以把 d_1 和 d_2 表示为

$$
\begin{cases}
d_1 = d_{10} - z_1 \\
d_2 = d_{20} + z_3
\end{cases}
\tag{3.4.2}
$$

其中，d_{10} 和 d_{20} 满足透镜成像定律：

$$
\frac{1}{f} = \frac{1}{d_{10}} + \frac{1}{d_{20}} \tag{3.4.3}
$$

坐标 z_1 和 z_3 分别是图 3.3.1 中物体的轴向坐标以及像平面的坐标。在式 (3.3.2) 中，我们将满足透镜成像定律的情形定义为成像系统的聚焦条件。这样 z_1 和 z_3 分别称为物及像平面的散焦距离。

为了简化式 (3.4.1)，我们考虑一个包含物镜的显微成像系统。此情形中，最小距离 d_{10}，即最小物距大约为 3 mm。如果物体离开焦点约 100 μm，可以被看作物体的厚度，此时可以估算出 $z_1/d_{10} \approx 3\times 10^{-2}$。类似地，关于 z_3/d_{20} 的比例同样可应用于显微物镜。因此，式 (3.4.2) 也可以大致简化为

$$\left\{\begin{array}{l} \dfrac{1}{d_1}=\dfrac{1}{d_{10}-z_1}\approx\dfrac{1}{d_{10}}\left(1+\dfrac{z_1}{d_{10}}\right) \\ \dfrac{1}{d_2}=\dfrac{1}{d_{20}+z_3}\approx\dfrac{1}{d_{20}}\left(1-\dfrac{z_1}{d_{20}}\right) \end{array}\right. \tag{3.4.4}$$

将式 (3.4.4) 代入式 (3.3.15) 可得

$$\frac{1}{d_1}+\frac{1}{d_2}-\frac{1}{f}\approx\frac{1}{d_{10}^2}(z_1-M^2z_3) \tag{3.4.5}$$

其中，$M=d_{10}/d_{20}$。将式 (3.4.5) 代入式 (3.4.1) 中的平方项，我们可以获得

$$\begin{aligned} h'(x,y)=&\iint_{-\infty}^{\infty}p(x_2,y_2)\exp\left[-\frac{\mathrm{i}k}{2}\left(\frac{1}{d_{10}}\right)^2(z_1-M^2z_3)(x_2^2+y_2^2)\right] \\ &\times\exp\left[\frac{\mathrm{i}k}{d_{10}}(x_2x+y_2y)\right]\mathrm{d}x_2\mathrm{d}y_2 \end{aligned} \tag{3.4.6}$$

其中，线性相位项中的 d_1 可以大致以 d_{10} 替代。由于具有关于 $(z_1-M^2z_3)$ 的轴向依赖性，所以式 (3.4.6) 沿轴向具有空间不变性。这一特征对于厚物体的三维成像十分重要。如果将式 (3.4.6) 代入式 (3.3.18)，我们可以获得薄物体的成像：

$$\begin{aligned} U_3(x_3,y_3)=&\frac{M\exp[-\mathrm{i}k(d_1+d_2)]}{d_1^2\lambda^2}\exp\left[-\frac{\mathrm{i}kM}{2d_{10}}(x_3^2+y_3^2)(1+M)\right] \\ &\times\iiiint_{-\infty}^{\infty}P(x_2,y_2)o(x_1,y_1)\exp\left[-\frac{\mathrm{i}k}{2}\left(\frac{1}{d_{10}}\right)^2(z_1-M^2z_3)\left(x_2^2+y_2^2\right)\right] \\ &\times\exp\left\{\frac{\mathrm{i}k}{d_{10}}[x_2(x_1+Mx_3)+y_2(y_1+My_3)]\right\}\mathrm{d}x_1\mathrm{d}y_1\mathrm{d}x_2\mathrm{d}y_2 \end{aligned} \tag{3.4.7}$$

式 (3.4.7) 的重要性在于它给出了将薄物体置于 z_1 平面时 z_3 平面处的图像分布。

我们将式 (3.4.7) 应用于有限厚度的物体。此时物函数即为一个三维函数 $o(x, y, z)$。在给定的位置 z_1 处。对于每个厚物体的竖直部分，式 (3.4.7) 给出其在 z_3 位置处的成像。z_3 像平面位置处的总光场可以看作像的各个部分的叠加。叠加原理只有在厚物体的次级衍射可以被忽略，以及物体可被看作半透明时成立。这一假设也称为第一玻恩近似 [3.1]。在这一近似下，有限厚度物体的像，即三维物体的像，可表示为式 (3.4.7) 关于 z_1 的积分。最终像场可以看作 x_3、y_3 及 z_3 的三维光场：

$$\begin{aligned}U_3(x_3,y_3,z_3)=&\frac{M\exp[-\mathrm{i}k(d_{10}+d_{20})]}{d_1^2\lambda^2}\exp\left[-\frac{\mathrm{i}kM}{2d_{10}}(x_3^2+y_3^2)(1+M)\right]\\&\times\iiiint\!\!\!\int_{-\infty}^{\infty}P(x_2,y_2)o(x_1,y_1,z_1)\exp[\mathrm{i}k(z_1-z_3)]\\&\times\exp\left[-\frac{\mathrm{i}k}{2}\left(\frac{1}{d_{10}}\right)^2(z_1-M^2z_3)(x_2^2+y_2^2)\right]\\&\times\exp\left\{\frac{\mathrm{i}k}{d_{10}}[x_2(x_1+Mx_3)+y_2(y_1+My_3)]\right\}\mathrm{d}x_1\mathrm{d}y_1dz_1\mathrm{d}x_2\mathrm{d}y_2\end{aligned}\tag{3.4.8}$$

这里，结合式 (3.4.2)，式 (3.4.7) 中的相位因子 $\exp[-\mathrm{i}k(d_1+d_2)]$ 可变为线性相位因子 $\exp[\mathrm{i}k(z_1-z_3)]$。此时我们引入三维方程 $h(x, y, z)$：

$$\begin{aligned}h(x,y,z)=&\frac{M}{d_1^2\lambda^2}\iint_{-\infty}^{\infty}P(x_2,y_2)\exp\left[-\frac{\mathrm{i}k}{2}\left(\frac{1}{d_{10}}\right)^2z(x_2^2+y_2^2)\right]\\&\times\exp\left[\frac{\mathrm{i}k}{d_{10}}(x_2x+y_2y)\right]\mathrm{d}x_2\mathrm{d}y_2\end{aligned}\tag{3.4.9}$$

因此，式 (3.4.8) 可简化为

$$\begin{aligned}U_3(x_3,y_3,z_3)=&\exp[-\mathrm{i}k(d_{10}+d_{20})]\exp\left[-\frac{\mathrm{i}kM}{2d_{10}}(x_3^2+y_3^2)(1+M)\right]\\&\times\exp(-\mathrm{i}kz_3)\iiint_{-\infty}^{\infty}o(x_1,y_1,z_1)\exp(\mathrm{i}kz_1)\\&\times h(x_1+Mx_3,y_1+My_3,z_1-M^2z_3)\mathrm{d}x_1\mathrm{d}y_1\mathrm{d}z_1\end{aligned}\tag{3.4.10}$$

式 (3.4.10) 中相位 $\exp(\mathrm{i}kz_1)$ 表示由物体厚度导致的散焦相位变化。乘积 $o(x_1,y_1,z_1)\exp(\mathrm{i}kz_1)$ 称为有效物函数，这样，像场可以看作有效物函数与方程 $h(x, y, z)$ 的三维卷积。

可以证明方程 $h(x, y, z)$ 是一个薄透镜的三维振幅点扩散函数。对于一个点物体，我们有 $o(x_1, y_1, z_1) = \delta(x_1)\delta(y_1)\delta(z_1)$，这样像场可表示为

$$\begin{aligned}U_3(x_3, y_3, z_3) = &\exp[-\mathrm{i}k(d_{10} + d_{20})] \exp\left[-\frac{\mathrm{i}kM}{2d_{10}}(x_3^2 + y_3^2)(1 + M)\right] \\ &\times \exp(-\mathrm{i}kz_3)h(Mx_3, My_3, -M^2 z_3)\end{aligned} \tag{3.4.11}$$

对应了像的强度：

$$I_3(x_3, y_3, z_3) = |h(Mx_3, My_3, -M^2 z_3)|^2 \tag{3.4.12}$$

可以看出 $h(x, y, z)$ 代表了点物体像的三维分布，因此正如 3.3 节所述可以称为三维振幅点扩散函数。根据式 (3.4.10)，像可以看作关于横向放大因子 $1/M$ 以及轴向放大因子 $-1/M^2$，具有三维空间不变性。三维空间不变性的意义在于除了放大因子，轴上点物体的像与离轴物体相同。需要指出的是，轴向空间不变性只有在满足式 (3.4.4) 时成立 [3.8]。

以半径为 a 的圆透镜为例，人们可以获得单点物体的像：

$$\begin{aligned}U_3(v, u) = &\frac{M \exp\left[-\mathrm{i}k\left(d_{10} + d_{20} + \dfrac{d_{20}^2 u}{ka^2}\right)\right]}{d_1^2 \lambda^2} \exp\left[-\frac{\mathrm{i}v^2}{4N}(1 + M)\right] \\ &\times \int_0^1 P(\rho) \exp\left(\frac{\mathrm{i}u}{2}\rho^2\right) \mathrm{J}_0(\rho v) 2\pi\rho \mathrm{d}\rho\end{aligned} \tag{3.4.13}$$

其中，

$$\begin{cases} v = \dfrac{2\pi}{\lambda} r_3 \dfrac{a}{d_{20}} \approx \dfrac{2\pi}{\lambda} r_3 \sin\alpha_i \\ u = \dfrac{2\pi}{\lambda} z_3 \dfrac{a^2}{d_{20}^2} \approx \dfrac{8\pi}{\lambda} z_3 \sin^2 \dfrac{\alpha_i}{2} \\ N = \dfrac{\pi a^2}{\lambda d_{20}} \end{cases} \tag{3.4.14}$$

这里 $\sin\alpha_i$ 即为透镜在像空间的数值孔径。在式 (3.4.13) 中，$P(\rho)$ 即为归一化半径的瞳函数，其均匀圆形光瞳的函数可由式 (3.2.13) 所示。除了前缀因子，式 (3.4.13) 与式 (3.2.20) 的分布相同。

对于一个显微成像系统，我们通常有 $N \gg v^2/4$，这样式 (3.4.13) 中的相位项可以忽略。与 $d_{10} + d_{20}$ 相关的常相位项可以被省略。对于脉冲光束的照射 (见

第 5 章)，这一常相位项也增加了时间位移。最后，式 (3.4.13) 变成

$$U_3(v,u)=\frac{M\exp\left(-\dfrac{\mathrm{i}u}{4\sin^2(\alpha_i/2)}\right)}{d_1^2\lambda^2}\int_0^1 P(\rho)\exp\left(\frac{\mathrm{i}u}{2}\rho^2\right)\mathrm{J}_0(\rho v)2\pi\rho\mathrm{d}\rho \quad (3.4.15)$$

薄透镜的三维振幅点扩散函数 (式 (3.4.9)) 可以被改写为

$$h(v,u)=\frac{M}{d_1^2\lambda^2}\int_0^1 P(\rho)\exp\left(-\frac{\mathrm{i}u}{2}\rho^2\right)\mathrm{J}_0(\rho v)2\pi\rho\mathrm{d}\rho \quad (3.4.16)$$

此时，径向与轴向坐标 v 与 u 可如下进行归一化：

$$\begin{cases} v=\dfrac{2\pi}{\lambda}r_1\dfrac{a}{d_{10}}\approx\dfrac{2\pi}{\lambda}r_1\sin\alpha_0 \\ u=\dfrac{2\pi}{\lambda}z_1\dfrac{a^2}{d_{10}^2}\approx\dfrac{8\pi}{\lambda}z_1\sin^2\dfrac{\alpha_0}{2} \end{cases} \quad (3.4.17)$$

其中，$\sin\alpha_0$ 即为透镜在物空间的数值孔径。值得注意的是，式 (3.4.14) 和式 (3.4.17) 坐标 v 与 u 的定义不同；式 (3.4.14) 表示像空间中的坐标，而式 (3.4.17) 表示像空间中的坐标。

从式 (3.3.16) 中引入圆对称透镜的散焦瞳函数：

$$P(\rho,u)=P(\rho)\exp\left(-\frac{\mathrm{i}u\rho^2}{2}\right) \quad (3.4.18)$$

3.5 非相干成像

对于非相干物体，比如荧光物体，物体的两点之间并不具有相位关系。对于非相干物体的每个点，式 (3.4.11) 给出了像的振幅。光强可由振幅的平方表示：

$$\left|h(Mx_3,My_3,-M^2z_3)\right|^2 \quad (3.5.1)$$

其中，

$$|h(x,y,z)|^2 \quad (3.5.2)$$

称为强度点扩散函数 (intensity point spread function, IPSF)。因此整个非相干物体的像的强度可以表示为式 (3.5.1) 在不同位置的结果和。换言之，非相干物体的像可以看作是物函数及其空间坐标位移后的强度点扩散函数的积的积分：

$$I(r_3)=\int_{-\infty}^{\infty}|o(r_1)|^2\,|h(r_1+Mr_3)|^2\,\mathrm{d}r_1 \quad (3.5.3)$$

这里为了简化描述，我们引入一个简写形式。$\boldsymbol{r}_1$ 和 $\boldsymbol{r}_3$ 分别是物与像空间的位置矢量。每一个矢量由 x、y、z 三个方向的分量构成。$\boldsymbol{M}$ 表示放大矩阵：

$$\boldsymbol{M}=\begin{bmatrix} M & 0 & 0 \\ 0 & M & 0 \\ 0 & 0 & -M^2 \end{bmatrix} \tag{3.5.4}$$

这样，式 (3.5.3) 中的位置矢量可以被理解为一个 3×1 的矩阵，这样 $\boldsymbol{Mr}$ 的积可以在数学上计算出来。

式 (3.5.3) 的优势在于它代表了三维卷积运算。这一关系对于描述非相干像的形成，如荧光显微镜成像等十分重要。$|o(r)|^2$ 的意义可以表示一个物体的透射强度，或者物体荧光成像的荧光强度。

参 考 文 献

[3.1] M. Born and E. Wolf, *Principles of Optics* (Pergamon, New York, 1980).

[3.2] J. W. Goodman, *Introduction to Fourier Optics* (McGraw-Hill, New York, 1968).

[3.3] M. Gu, *Principles of Three-Dimensional Imaging in Confocal Microscopes* (World Scientific, Singapore, 1996).

[3.4] A. Ashkin, *J. Biophys.*, 61 (1992), 569.

[3.5] J. Durnin, J. J. Miceli, and J. H. Eberly, *Phys. Rev. Lett.*, 58 (1987) 1499.

[3.6] T. Wulle and S. Herminghaus, *Phys. Rev. Lett.*, 70 (1993) 1401.

[3.7] G. Scott and N. McArdle, *Opt. Engineering*, 31 (1992) 2640.

[3.8] M. Gu, *J. Opt. Soc. Am. A*, 12 (1995) 1602.

第 4 章　传递函数分析

在第 3 章中，利用点扩散函数，分析了光学成像系统中薄透镜的成像性能，即一个单点物体的像。尽管这个方法易于理解，但其有时难以洞察成像过程。本章给出了基于传递函数概念对成像系统进行分析的方法。传递函数法为光学成像系统中图像的形成提供了一种物理视角。光学成像系统 (如显微镜) 的功能是提供物体中肉眼不可见的精细部分的放大图像。理想的成像系统应该具有再现物体细节的能力。正如我们将看到的，光学成像系统是一个低通滤波器，它只传输与物体缓慢变化相对应的低空间频率。物体的细节是用高空间频率来表示的。因为光学系统具有截止空间频率，这些高空间频率可能无法成像。进而谐波 (空间频率) 组分的传输效率由光学系统决定。这些性质可以用傅里叶变换来分析。

4.1 节介绍传递函数的概念。4.2 节和 4.3 节分别介绍两种传递函数：相干传递函数和光学传递函数，并强调了它们的三维特性。4.4 节讨论三维传递函数的各种投影。4.5 节讨论薄物体和线物体的二维聚焦传递函数和一维轴上传递函数。4.6 节利用传递函数的概念对方形光栅图像进行计算，揭示相干成像系统和非相干成像系统的成像性能差异。最后，4.7 节介绍几种对二维传递函数进行滤波的方法。

4.1　传递函数介绍

物体由信息组成。物体的成像可以被认为是一个物体信息通过一个透镜或透镜组光学系统的传递过程。传递的信息越多，光学系统的成像质量越好。定义一个物体信息的方法很多。在 3.3 节中我们已经看到，若一个物体置于成像透镜的前焦平面，透镜后焦平面处的光场分布即为物体的傅里叶变换。傅里叶变换是用来定义物体信息的方法之一。因此，成像可以看作一个物体的傅里叶信息通过光学成像系统的传递过程。为了描述这个过程，我们可以引入传递函数的概念。

我们首先考虑目标函数只在一维空间变化时的传递函数。假设物体是空间频率为 m 的一维谐波光栅 (图 4.1.1)。其透过率可表示为

$$t(x) = a + b\cos(2\pi mx) \tag{4.1.1}$$

其中，a 和 b 分别为光栅透过率的背景和振幅部分。假设光栅被波长为 λ 的平面波照射。光栅的衍射光有三个分量: 一个是沿入射光方向的透射分量，另两个

分别为以 $\pm\theta$ 的角度传播的分量 (这一结论可以通过将谐波光栅的透过率公式 (式 (4.1.1)) 代入夫琅禾费衍射公式 (式 (2.4.8)) 获得)。角度 θ 的大小由光栅空间频率 m 和入射波长 λ 决定:

$$\theta = m\lambda \tag{4.1.2}$$

可以看出：空间频率 m 越高，θ 角越大。用一个给定数值孔径的透镜来收集 (即成像) 衍射分量时, 存在一个最大收敛角 α。当 θ 增大到 α 时，相应的空间频率为

$$m_0 = \alpha/\lambda \tag{4.1.3}$$

导致了给定透镜在成像过程中的最大空间频率。如果光栅的空间频率高于式 (4.1.3) 所给出的频率，人们将无法获得图像。

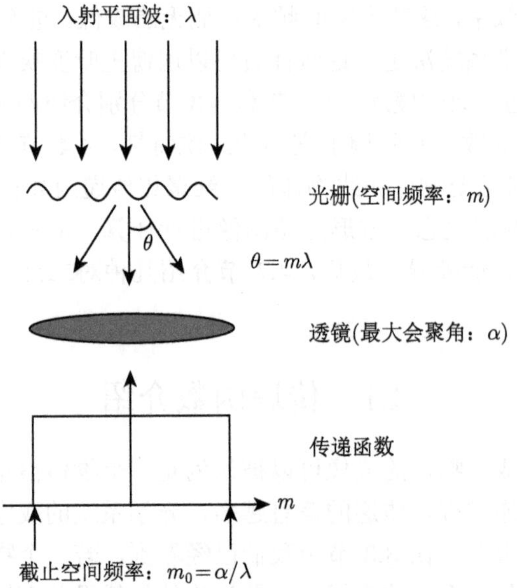

图 4.1.1 波长为 λ 的平面波被空间频率为 m 的正弦光栅衍射的示意图。透镜只收集衍射角 θ 小于最大收敛角 α 的衍射光

接下来，我们考虑一个寻常的一维目标函数 (object function)$o(x)$。根据傅里叶变换 [4.1]，物体传输函数 $o(x)$ 可以分解为一系列谐波分量 (附录 A)。例如，对于周期函数 $o(x)$，仅可以分解为一系列具有适当振幅和相位的离散正弦分量。图 4.1.2 展示了由亮区和暗区交替组成的方波光栅 (即物体) 如何被分解成谐波级数的示意图，包括常数项、一阶谐波项、三次谐波项等。每个分量均对应图 4.1.1 中的谐波光栅。对于图 4.1.2 所示情形，根据物体的对称性，我们知道不存在二阶

谐波，或者任何偶数阶谐波分量。正方形光栅的前四个谐波项之和如图 4.1.2 所示。包含的谐波项越多，求和结果就越接近原始物体。

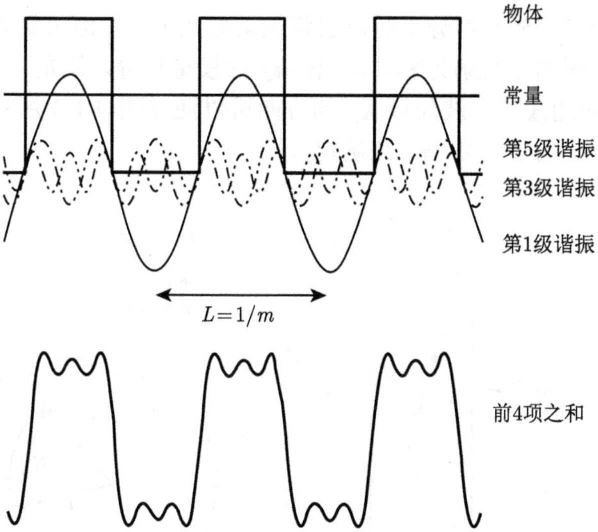

图 4.1.2 将周期性薄正方形物体信号分解成一系列谐波分量的示意图

谐波分量的空间周期用 L 表示。图 4.1.2 给出了一阶谐波分量 L。谐波分量的空间频率 m 定义为

$$m = 1/L \tag{4.1.4}$$

这意味着空间频率越高，光栅越精细。

若物体函数不是周期函数时，上述空间频率方法仍适用。唯一的区别是非周期函数包含了连续的谐波分量。因此应采用傅里叶积分或傅里叶变换 (附录 A)。

根据式 (4.1.3)，由于包含透镜的光学成像系统有效地传输低空间频率信息，但不传输代表精密细节的高空间频率，所以通常表现为低通滤波器。物体中高于式 (4.1.3) 中最大值的任何空间频率都会被切断。换句话说，对应于更高空间频率的物体的精细结构无法成像。

在截止空间频率以下，每个空间频率分量的成像强度取决于透镜的透过率。从式 (3.1.9) 来看，透镜的透过率通常是复杂的。空间频率的传输效率称为透镜或透镜系统的传递函数。如图 4.1.1 中示例，当 $m \leqslant m_0$ 时，传递函数为常数。在光学成像系统中，传递函数降至零时的空间频率称为截止空间频率。一般来说，传输的空间频率范围越大，物体的成像效果越好。同时，传递函数也要求是一个平滑变化的函数。否则，点扩散函数中将产生振铃效应，降低图像的分辨率和对比度。

上述传递函数的概念可以推广到二维或三维情况。对于厚物体 (图 4.1.3)，我

们可以利用附录 A 的方法将其三维目标函数分解为具有适当振幅和相位的谐波光栅分量。每一个谐波分量都可用空间周期 $L_g = 1/|\boldsymbol{m}|$ 表示，其中 $\boldsymbol{m}$ 为空间频率矢量 (见式 (A.3.3))，m, n, s 分别为其 x, y, z 方向的分量。当一个波矢量为 $\boldsymbol{k}_1$ 的平面波入射到谐波光栅组分上时，它将被衍射成另一个波矢量为 $\boldsymbol{k}_2$ 的平面波。对于没有吸收的透射或反射过程，$\boldsymbol{k}_1$ 和 $\boldsymbol{k}_2$ 的模量相等，满足 $k_1 = k_2 = 2\pi/\lambda$，其中 λ 为入射光的波长。波矢量 k_2 的方向可以通过图 4.1.3 所示的埃瓦尔德衍射球 (Ewald diffraction sphere) 来确定。

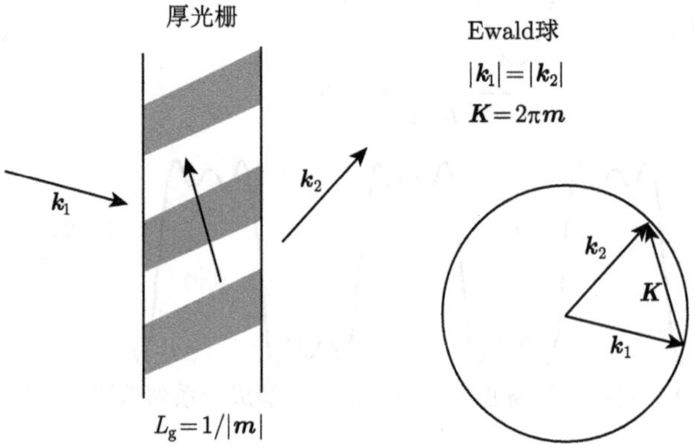

图 4.1.3　一个包含周期性光栅组分的厚物体可以将一个波矢为 $\boldsymbol{k}_1$ 的入射光衍射成波矢为 $\boldsymbol{k}_2$ 的光

如果使用透镜或透镜系统来收集衍射波，则成像系统的最大收敛角决定了波矢 $\boldsymbol{k}_2$ 的方向范围。为了确定方向范围, 我们考虑由传递函数来表征成像过程, 其中传递函数表示厚物体空间频率的传递效率, 是三个空间频率坐标 m、n 和 s 的函数。如果目标函数是振幅透过率或反射率，则可以引入三维的相干传递函数 (3D CTF) 来描述相干成像过程。以图 4.1.3 为例，入射平面波波矢为 $\boldsymbol{k}_1$, 三维相干传递函数由埃瓦尔德球冠 (Ewald cap) 给出, 由透镜的数值孔径决定, 所以, 只有在透镜孔径内的部分衍射光可以传输。

如第 3 章所述，给定的成像系统既可以表现为相干成像系统，也可以表现为非相干成像系统，甚至部分相干成像系统 [4.2]。因此，我们必须将光学传递函数 (OTF) 区分开，包括适用于非相干系统的光学传递函数，如荧光显微镜，以及适用于 3.3 节讨论的 $4f$ 成像系统等相干系统的相干传递函数。对于光学传递函数，目标函数表示目标的强度变化，而相干传递函数则结合振幅透射或反射函数使用。对于部分相干成像系统，我们需要一个透射交叉系数 (TCC) 来描述其成像性能。然而，本章后续章节的讨论将不包括 TCC。对 TCC 感兴趣的读者可参考所列书籍 [4.2,4.3]。

如果散射非常弱，满足第一玻恩近似条件 [4.2]，基于三维传递函数描述的成像过程是一种常见的方法。我们由三维传递函数可以推导出聚焦成像的二维传递函数和轴上成像的一维传递函数。此外，通过研究传递函数，我们可以判断不同成像系统的性能，了解不同成像过程之间的相互关系，并助力后期的图像处理。三维传递函数分析已成功地用于描述三维显微镜 (如共焦扫描显微镜) 的图像形成 [4.3]。

4.2 相干传递函数

假设有一个薄透镜。在不失一般性的前提下，厚物体的振幅透过率是一个三维函数 $o(x, y, z)$，称为三维目标函数。三维目标函数可以用三维傅里叶变换 (附录 A) 表示为

$$o(\boldsymbol{r}) = \int_{-\infty}^{\infty} O(\boldsymbol{m}) \exp(2\pi \mathrm{i} \boldsymbol{r} \cdot \boldsymbol{m}) \mathrm{d}\boldsymbol{m} \tag{4.2.1}$$

为了方便，这里忽略了一个常数项。这里 $\boldsymbol{r}$ 为具有 x、y、z 分量的位置矢量，空间频率矢量 $\boldsymbol{m}$ 在 x、y、z 方向分别包含 m、n、s 分量，$\mathrm{d}\boldsymbol{m}$ 包括 $\mathrm{d}m$、$\mathrm{d}n$、$\mathrm{d}s$。式 (4.2.1) 表示将三维目标函数分解为一系列谐波分量。每个谐波分量都有一个空间频率矢量 $\boldsymbol{m}$ 和一个强度因子 $O(\boldsymbol{m})$。$O(\boldsymbol{m})$ 被称为物体的三维振幅谱，可以从 $o(\boldsymbol{r})$ 的三维傅里叶逆变换中找到 (附录 A)：

$$O(\boldsymbol{m}) = \int_{-\infty}^{\infty} o(\boldsymbol{r}) \exp(2\pi \mathrm{i} \boldsymbol{r} \cdot \boldsymbol{m}) \mathrm{d}\boldsymbol{r} \tag{4.2.2}$$

这里 $\mathrm{d}\boldsymbol{r}$ 表示对 $\mathrm{d}x$、$\mathrm{d}y$、$\mathrm{d}z$ 的三维积分。式 (4.2.1) 和式 (4.2.2) 定义了一个厚物体的信息内容。

为了获得薄透镜的三维相干传递函数，我们回忆式 (3.4.10) 所描述的由薄透镜成像的三维物体光场。若将式 (4.2.1) 代入式 (3.4.10)，当菲涅耳数较大时，我们忽略像平面上的常数相位项和二次相位项，可以得到

$$\begin{aligned} U_3(x_3, y_3, z_3) = \exp(-\mathrm{i}kz_3) \iiiint\!\!\iint_{-\infty}^{\infty} O(m, n, s) \exp\left[(2\pi \mathrm{i}(mx_1 + ny_1 + sz_1)\right] \\ \times \exp(\mathrm{i}kz_1) h(x_1 + Mx_3, y_1 + My_3, z_1 - M^2 z_3) \mathrm{d}x_1 \mathrm{d}y_1 \mathrm{d}z_1 \mathrm{d}m \mathrm{d}n \mathrm{d}s \end{aligned} \tag{4.2.3}$$

为了简化这个表达式，我们引入一个函数：

$$c(\boldsymbol{m}) = \int_{-\infty}^{\infty} h(\boldsymbol{r}) \exp(2\pi \mathrm{i} \boldsymbol{r} \cdot \boldsymbol{m}) \mathrm{d}\boldsymbol{r} \tag{4.2.4}$$

利用式 (4.2.4) 代入式 (4.2.3)，我们可以在物空间进行积分，最终得到

$$U_3(x_3,y_3,z_3)=\exp(-\mathrm{i}kz_3)\iiint_{-\infty}^{\infty}O(m,n,s)c(m,n,s+1/\lambda)\\ \times\exp\left\{-2\pi\mathrm{i}\left[mMx_3+nMy_3-(s+1/\lambda)M^2z_3\right]\right\}\mathrm{d}m\mathrm{d}n\mathrm{d}s \tag{4.2.5}$$

这里函数 $c(m,n,s)$ 中的轴向位移 $1/\lambda$ 来源于式 (4.2.3) 中的常数相位项 $\exp(\mathrm{i}kz_1)$。式 (4.2.5) 的意义表明，成像光场等于三维物体的三维傅里叶逆变换与函数 $c(m, n,s+1/\lambda)$ 的积，这意味着图像被分解成一系列通过成像系统的谐波成分。因此，函数 $c(m,n,s+1/\lambda)$ 给出了成像物体中各谐波分量的强度，称为成像系统的传递函数。由于它作用于相干成像中的振幅谐波分量，所以它又称为单透镜成像系统的三维相干传递函数。

可以看出，三维相干传递函数是式 (3.4.9) 中给出的三维幅值点扩散函数的三维傅里叶变换。对于半径为 a 的圆形薄透镜，三维幅值点扩散函数由式 (3.4.16) 给出。如果在式 (4.2.4) 中使用式 (3.4.16)，我们可以用以下方法来简化推导过程:

(1) 使用极坐标，可以将式 (4.2.4) 中关于 x 和 y 的积分简化为汉克尔 (Hankel) 变换 (见附录 B)。

(2) 因为式 (3.4.16) 中的三维幅值点扩散函数在径向依赖于 v，所以透镜的三维相干传递函数是圆对称的。因此，我们可以用 $c(l,\ s)$ 来表示三维相干传递函数，其中 $l=(m^2+n^2)^{1/2}$ 为径向空间频率。

最后，我们可以将圆形薄透镜的三维相干传递函数表示为

$$c(l,s)=\iint_{-\infty}^{\infty}h(v,u)\mathrm{J}_0(lv)\exp(\mathrm{i}us)v\mathrm{d}v\mathrm{d}u \tag{4.2.6}$$

像预期的那样，对 v 的积分相当于二维汉克尔变换 (附录 B)。这里忽略了一些常数因子。由于使用了无量纲的光学坐标 v 和 u, l 和 s 已经被分别归一化成

$$\sin\alpha_0/\lambda \tag{4.2.7}$$

和

$$4\sin^2(\alpha_0/2)/\lambda \tag{4.2.8}$$

利用式 (3.4.16)，最终可得单薄透镜的三维相干传递函数为

$$c(l,s)=P(l)\delta(s-l^2/2) \tag{4.2.9}$$

其中 $P(l)$ 为透镜的瞳函数。式 (4.2.9) 已按 $l=s=0$ 进行归一化。根据式 (3.2.13) 中圆透镜的瞳函数，式 (4.2.9) 在径向 $l=1$ 处被截断。这个结果和式 (4.2.9) 中

的 delta 函数共同导致了轴向截止空间频率 $s = 1/2$。因此，用圆形薄透镜进行三维相干成像的三维相干传递函数变成

$$c(l, s + s_0) = P(l)\delta(s + s_0 - l^2/2) \tag{4.2.10}$$

其中，s_0 表示由 $1/\lambda$ 引起的轴向空间频率的恒定位移，定义为

$$s_0 = 1/\left[4\sin^2(\alpha_0/2)\right] \tag{4.2.11}$$

式 (4.2.10) 的示意图如图 4.2.1 所示。其中 s_0 为轴向位移，α_0 为透镜在物体空间中的半角孔径。正如已经指出的，它在 l=1 处被切断，轴向带宽为 $l/2$。从图 4.2.1 可以看出，单透镜的三维相干传递函数是轴向移动的，是绕 s 轴旋转的抛物面的帽。帽上的三维相干传递函数值由瞳函数 $P(l)$ 给出。

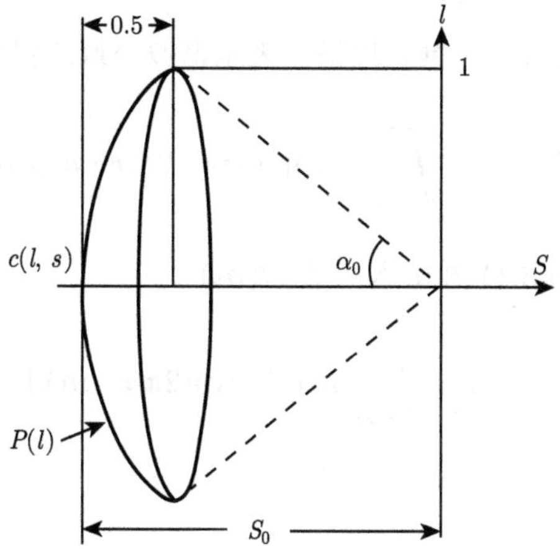

图 4.2.1 圆形薄透镜相干成像的三维相干传递函数示意图

如果透镜具有环形光瞳函数，其中心有一个半径为 a_ε 的障碍物，则其瞳函数为式 (3.2.23)。相应的三维相干传递函数由绕 s 轴旋转的抛物面上的条带给出。

当透镜有像差时 (见第 7 章)，透镜的瞳函数可以表示为

$$P(\rho, \varphi) = P(\rho)\exp\left[-\mathrm{i}k\Phi(\rho, \varphi)\right] \tag{4.2.12}$$

其中，ρ 和 φ 是透镜孔径上的极坐标。在这种情况下，三维相干传递函数是一个带有权重函数 $P(l)\exp\left[-\mathrm{i}k\Phi(l, \varphi)\right]$ 的抛物面的帽。在 4.1 节中已经提到，圆透镜的三维相干传递函数应该是一个球帽 (即 Ewald 球)。这种差异是由于在三维幅值点扩散函数中使用了近轴近似。因此，在数值孔径不大的情况下，抛物面帽是球面帽的近似形式。第 6 章将展示不采用近轴近似时圆形薄透镜的三维相干传递函数就是一个球帽。

4.3　光学传递函数

对于非相干成像系统，图像强度由式 (3.5.3) 给出，或

$$I(x_3, y_3, z_3) = \iiint_{-\infty}^{\infty} |o(x_1, y_1, z_1)|^2 \times \left|h(x_1 + Mx_3, y_1 + My_3, z_1 - M^2 z_3)\right|^2 \mathrm{d}x_1 \mathrm{d}y_1 \mathrm{d}z_1 \tag{4.3.1}$$

由于使用了三维强度点扩散函数，没有出现式 (4.2.3) 中的线性相位项。为了获得这种情况下的传递函数，物体被分解为一系列谐波分量在傅里叶变换中的叠加：

$$|o(\boldsymbol{r})|^2 = \int_{-\infty}^{\infty} O_i(\boldsymbol{m}) \exp(2\pi \mathrm{i} \boldsymbol{r} \cdot \boldsymbol{m}) \mathrm{d}\boldsymbol{m} \tag{4.3.2}$$

其中 $O_i(\boldsymbol{m})$ 是目标函数的三维强度谱，表示谐波分量的强度:

$$O_i(\boldsymbol{m}) = \int_{-\infty}^{\infty} |o(\boldsymbol{r})|^2 \exp(-2\pi \mathrm{i} \boldsymbol{r} \cdot \boldsymbol{m}) \mathrm{d}\boldsymbol{m} \tag{4.3.3}$$

将式 (4.3.2) 代入式 (4.3.1) 并引入函数 $C(\boldsymbol{m})$

$$C(\boldsymbol{m}) = \int_{-\infty}^{\infty} |h(\boldsymbol{r})|^2 \exp(2\pi \mathrm{i} \boldsymbol{r} \cdot \boldsymbol{m}) \mathrm{d}\boldsymbol{r} \tag{4.3.4}$$

式 (4.3.1) 可重写为

$$I(x_3, y_3, z_3) = \iiint_{-\infty}^{\infty} O_i(m, n, s) C(m, n, s) \times \exp\left[-2\pi \mathrm{i}(mMx_3 + nMy_3 - sM^2 z_3)\right] \mathrm{d}m\mathrm{d}n\mathrm{d}s \tag{4.3.5}$$

即物体三维强度谱的三维傅里叶变换乘以函数 $C(\boldsymbol{m})$。因此，$C(\boldsymbol{m})$ 给出了非相干物体中各谐波分量成像的强度，从而给出了单透镜非相干成像的三维传递函数。值得留意的是，式 (4.3.4) 是三维强度点扩散函数的傅里叶变换，作用于物体的强度谱。

历史上，非相干成像中透镜的二维传递函数称为光学传递函数，而不是非相干传递函数 [4.4]。因此，我们也使用术语三维光学传递函数来描述三维非相干成像。

考虑到傅里叶变换的卷积定理 (见附录 A) 和式 (4.2.4)，单透镜的三维光学传递可以表示为

$$C(\boldsymbol{m}) = c(\boldsymbol{m}) \otimes_3 c^*(-\boldsymbol{m}) \tag{4.3.6}$$

这里 $\otimes_3$ 表示空间频率空间中的三维卷积，因此透镜的三维光学传递函数在数学上等于薄透镜的三维相干传递函数与其反共轭函数 $c^*(-\boldsymbol{m})$ 的三维卷积。

4.3.1 圆透镜

对于圆透镜，我们可以使用汉克尔变换作为透镜的三维强度点扩散函数 (3D IPSF)，由式 (3.4.16) 的模量的平方给出。最后，薄透镜的三维光学传递函数也是径向对称的，可以表示为

$$C(l,s) = K\iint_{-\infty}^{\infty} |h(v,u)|^2 \mathrm{J}_0(lv)\exp(\mathrm{i}us)v\mathrm{d}v\mathrm{d}u \tag{4.3.7}$$

其中 K 是归一化的常数。这里 l 和 s 已经通过式 (4.2.7) 和式 (4.2.8) 进行了标准化。借助于式 (4.3.6)，我们得到

$$C(l,s) = Kc(l,s)\otimes_3 c(l,-s) \tag{4.3.8}$$

如果利用式 (4.2.9)，则上式可以写作

$$C(l,s) = K\left[P(l)\delta(s-l^2/2)\right]\otimes_3\left[P(l)\delta(s+l^2/2)\right] \tag{4.3.9}$$

该三维卷积运算如图 4.3.1 所示。

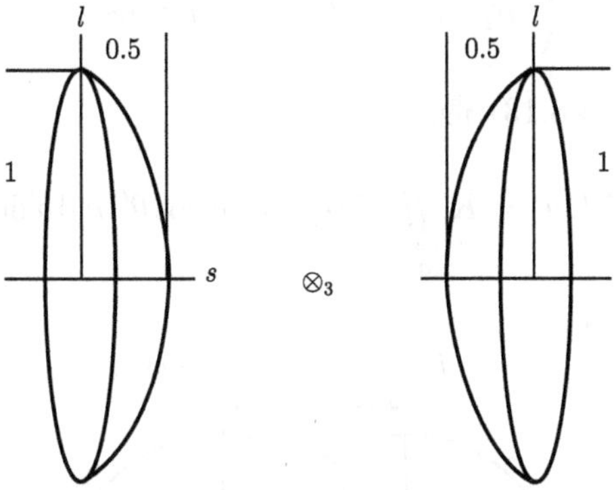

图 4.3.1 式 (4.3.8) 中三维卷积运算示意图

在数学上求解式 (4.3.9) 中的三维卷积运算是困难的。为了得到式 (4.3.9) 的解，我们先将式 (4.3.7) 对 v 进行积分，得到离焦的光学传递函数 $C(l,u)$：

$$C(l,u) = K\int_{-\infty}^{\infty} |h(v,u)|^2 \mathrm{J}_0(lv)v\mathrm{d}v \tag{4.3.10}$$

然后通过对 u 进行傅里叶变换，得到三维光学传递函数 $C(l,s)$：

$$C(l,s) = K\int_{\infty}^{-\infty} C(l,u)\exp(\mathrm{i}us)\mathrm{d}u \tag{4.3.11}$$

在式 (4.3.10) 中使用式 (3.4.16) 得到

$$C(l,u) = K\left[P(l,u)\otimes_2 P(l,-u)\right] \tag{4.3.12}$$

式中，$P(l,u)$ 为式 (3.4.18) 中定义的离焦瞳函数；$\otimes_2$ 为 $P(l,u)$ 和 $P(l,-u)$ 的二维卷积运算。式 (4.3.12) 中二维卷积导致两个离焦瞳函数之间产生两个正交位移 (见附录 A)。由于 $P(\rho,u)$ 的径向对称性，两个正交位移在 $P(\rho,u)$ 的任意径向方向上减少为一个位移，两个存在位移的离焦瞳函数之间的距离可以用 l 表示。在不失一般性的前提下，径向选取如图 4.3.2 所示。因此式 (4.3.12) 可以简化为

$$C(l,u) = K\iint\limits_{\sigma} P_1(\rho_1)P_2(\rho_2)\exp\left(\mathrm{i}\frac{\rho_1^2 u - \rho_2^2 u}{2}\right)\rho'\mathrm{d}\rho'\mathrm{d}\theta' \tag{4.3.13}$$

其中，σ 表示两离焦瞳函数如图 4.3.2 所示的重叠区域，重叠区域的大小取决于 l；ρ' 和 θ' 是原点在 O 点的极坐标 (见图 4.3.2)。ρ_1 和 ρ_2 分别满足

$$\begin{cases} \rho_1^2 = \rho'^2 + \left(\dfrac{l}{2}\right)^2 + \rho' l\cos\theta' \\ \rho_2^2 = \rho'^2 + \left(\dfrac{l}{2}\right)^2 - \rho' l\cos\theta' \end{cases} \tag{4.3.14}$$

将式 (4.3.14) 代入式 (4.3.13) 得到

$$C(l,u) = K\iint\limits_{\sigma} \exp(-\mathrm{i}\rho' lu\cos\theta')\rho'\mathrm{d}\rho'\mathrm{d}\theta' \tag{4.3.15}$$

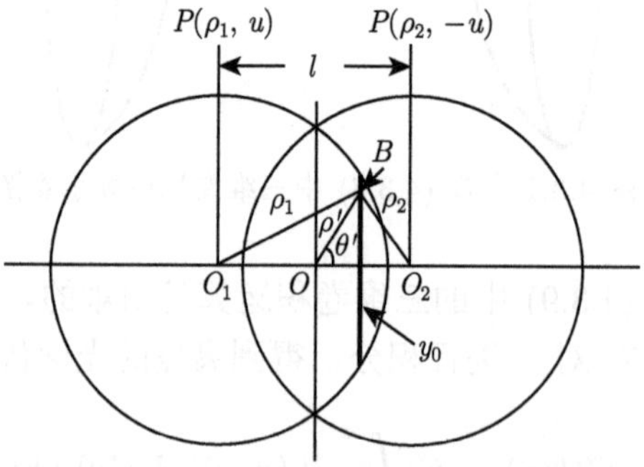

图 4.3.2　两离焦瞳函数 $P(l,u)$ 和 $P(l,-u)$ 的二维卷积运算示意图。$P(l,u)$ 是圆透镜的离焦瞳函数；参数 ρ' 和 θ' 是原点在 O 点的极坐标；O_1B 和 O_2B 的长度记为 ρ_1 和 ρ_2，由式 (4.3.15) 给出；加粗垂直线是对式 (4.3.16) 进行积分的路径

如式 (4.3.11) 所示，$C(l,u)$ 对 u 进行傅里叶变换，得到三维光学传递函数为

$$C(l,s)=\iint\limits_{\sigma}\delta(s-\rho' l\cos\theta')\rho'\mathrm{d}\rho'\mathrm{d}\theta' \tag{4.3.16}$$

式 (4.3.16) 中的 delta 函数表明：图 4.3.2 中二维积分在 ρ'-θ' 平面上实际上是沿着 $x=\rho'\cos\theta'=s/l$ 的垂直直线进行的。垂直透镜的长度由 s 和 l 的值决定，直线从原点 O 开始，终止于

$$\sqrt{1-\left(\frac{|s|}{l}+\frac{l}{2}\right)^2} \tag{4.3.17}$$

因此，可以推导出式 (4.3.16) 的解析表达式如下：

$$C(l,s)=\frac{2}{l}\mathrm{Re}\left[\sqrt{1-\left(\frac{|s|}{l}+\frac{l}{2}\right)^2}\right] \tag{4.3.18}$$

这里 Re[ ] 表示它的实部参数。式 (4.3.18) 是近轴近似下圆形薄透镜三维光学传递函数的准确解。需要注意的是，$C(l,s)$ 在空间频率空间的原点处有一个奇异点，使得三维光学传递函数不能在原点归一化。这个奇异点来源于 $C(l=0,u)$ 在 $l=$ 0 处不是离焦距离 u 的函数 (参见式 (4.3.15))。

图 4.3.3 给出了圆形薄透镜的三维光学传递函数及相应的轮廓。可以看出，三维光学传递函数在原点处有一个奇点，在 $l=2$ 处和 $|s|=1/2$ 处分别有一个截止点。三维光学传递函数的非零区由 $|s|\leqslant l(1-l/2)$ 给出，非零区在空间频率空间

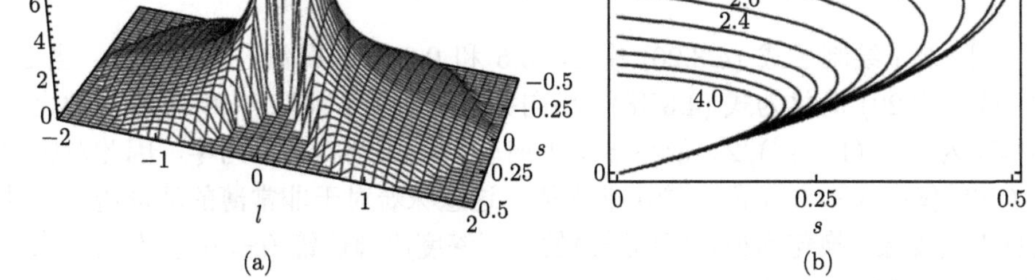

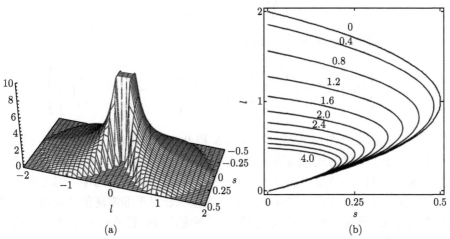

图 4.3.3　圆形薄透镜的三维光学传递函数: (a) 光学传递函数的三维视图 (完整的三维光学传递函数关于 s 轴呈径向对称，在原点处有奇点); (b) 三维光学传递函数在第一个象限的轮廓线

中呈现出一个“甜甜圈”结构，如图 4.3.4 所示。因此，三维光学传递函数在原点附近出现了一个空间频率缺失的锥，这意味着该区域的信息无法成像。这一现象与图 3.2.4(b) 所示的三维点扩展函数沿阴影边缘的条纹有关。完整的三维光学传递函数对于 s 轴是径向对称的。

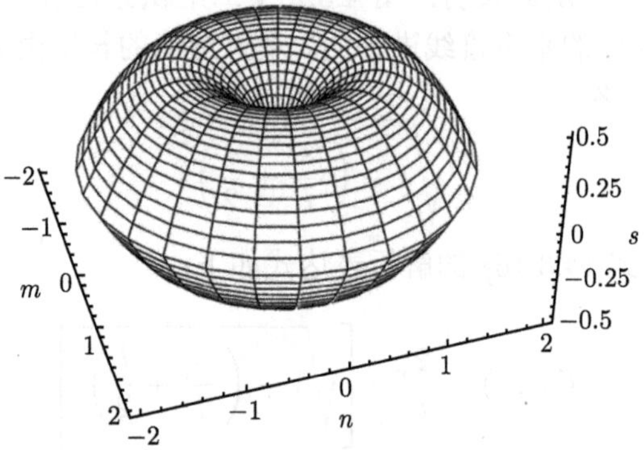

图 4.3.4 圆形薄透镜的三维光学传递函数通带

4.3.2 环形透镜

对于具有环形光瞳功能的透镜，可以用上述方法推导出相应的三维光学传递函数 [4.5]。因为环形透镜的瞳函数是环形 (参见式 (3.2.23))，式 (4.3.16) 中的线积分不是从图 4.3.2 中的原点 O 开始，而是从下式给出的垂直线上的一点开始：

$$\sqrt{\varepsilon^2 - \left(\frac{|s|}{l} - \frac{l}{2}\right)^2} \tag{4.3.19}$$

最终环形透镜的三维光学传递函数为

$$C(l,s) = \frac{2}{l}\left\{\mathrm{Re}\left[\sqrt{1 - \left(\frac{|s|}{1} + \frac{1}{2}\right)^2}\right] - \mathrm{Re}\left[\sqrt{\varepsilon^2 - \left(\frac{|s|}{1} - \frac{1}{2}\right)^2}\right]\right\} \tag{4.3.20}$$

图 4.3.5 绘制了式 (4.3.20) 中 $\varepsilon = 0.5$ 和 0.9 时的图像。可以看出，当 $\varepsilon = 0$ 时，式 (4.3.20) 简化为式 (4.3.18)。横向截止空间频率保持为 2，而轴向截止空间频率变为 $s = (1 - \varepsilon^2)/2$。最终 $\varepsilon = 1$ 时轴向截止空间频率为零，因此对应的三维 OTF 仅在 $s = 0$ 平面上给出非零值。这意味着对于非常薄的环形透镜，轴向信息无法成像。换句话说，环形透镜的焦距深度比圆透镜 ($\varepsilon = 0$) 的焦距要长，如图 3.2.4(b) 和 3.2.6(b) 所示。

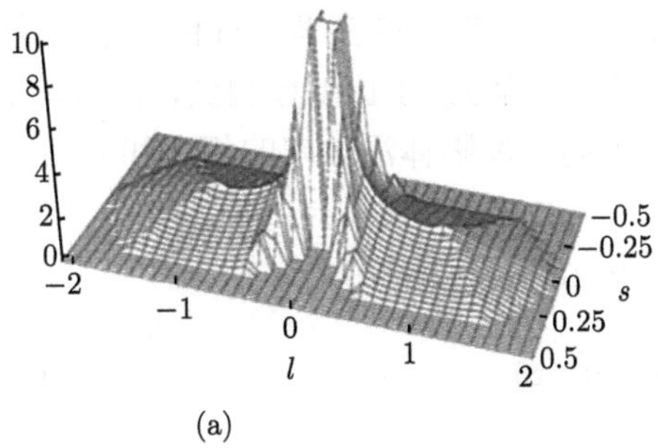

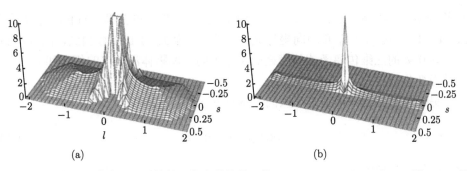

图 4.3.5　非相干成像中环形透镜的三维光学传递函数:(a) ε= 0.5; (b) ε= 0.9。三维 OTF 是关于 s 轴呈径向对称的，在原点处有一个奇点

4.4　三维传递函数的投影与截面

三维传递函数的意义在于它们可以用来描述任何物体的成像。可以用三维传递函数的投影与截面来证明此特性。在接下来的讨论中，将考虑一些特殊物体的成像。

4.4.1　厚平面物体

对于轴向不发生变化的厚物体，其目标函数为二维函数，可以表示为

$$o(x,y,z)=o'(x,y) \tag{4.4.1}$$

对式 (4.4.1) 进行傅里叶逆变换得到

$$O(m,n,s)=O'(m,n)\delta(s) \tag{4.4.2}$$

其中，

$$O'(m,n)=\iint_{-\infty}^{\infty} o'(x,y)\exp\left[-2\pi \mathrm{i}(xm+yn)\right]\mathrm{d}x\mathrm{d}y \tag{4.4.3}$$

对于相干和非相干成像过程，图像强度分别由式 (4.2.5) 和式 (4.3.5) 的模平方给出。为了简单起见，在非相干成像的情况下，我们将省略下标 i。因此, 我们有

$$I(x_3,y_3,z_3)=\left|\iint_{-\infty}^{\infty} c(m,n,1/\lambda)O'(m,n)\exp\left[-2\pi \mathrm{i}(x_3mM+y_3nM)\right]\mathrm{d}m\mathrm{d}n\right|^2 \tag{4.4.4}$$

$$I(x_3,y_3,z_3)=\iint_{-\infty}^{\infty} C(m,n,0)O'(m,n)\exp\left[-2\pi \mathrm{i}(x_3mM+y_3nM)\right]\mathrm{d}m\mathrm{d}n \tag{4.4.5}$$

函数 $c(m,n,s)$ 和 $C(m,n,s)$ 是透镜的三维 CTF 和三维 OTF。可以看出，式 (4.4.4) 和式 (4.4.5) 和轴向坐标无关，这点可从式 (4.1.1) 预测到，而 $s=1/\lambda$ 和 $s=0$ 处的三维传递函数的横截面结果表明，厚物体沿轴向的相干和非相干成像并无变化。

另一种平面物体类型是在横向上没有变化，目标函数为

$$o(x,y,z)=o''(z) \tag{4.4.6}$$

对应的目标光谱为

$$O''(s)=\int_{-\infty}^{\infty} o''(z)\exp(-2\pi \mathrm{i} zs)\mathrm{d}z \tag{4.4.7}$$

因此，相干成像和非相干成像下的图像强度为

$$I(x_3,y_3,z_3)=\left|\int_{-\infty}^{\infty} c(0,0,s+1/\lambda)O''(s)\exp(2\pi \mathrm{i} z_3 M^2 s)\mathrm{d}s\right|^2 \tag{4.4.8}$$

$$I(x_3,y_3,z_3)=\int_{-\infty}^{\infty} C(0,0,s)O''(s)\exp(2\pi \mathrm{i} z_3 M^2 s)\mathrm{d}s \tag{4.4.9}$$

很明显式 (4.4.8) 和式 (4.4.9) 不是横向坐标的函数。对于式 (4.4.6) 所示的平面结构，成像性能由 $m=n=0$ 处通过三维传递函数的轴向截面给出。

现在我们考虑使用圆形薄透镜成像。对于相干成像，三维 CTF 的横截面 $c(l,1/\lambda)$ 为零 (见图 4.2.1)，而轴向截面 $c(0,s)$ 为 delta 函数。这些结果意味着厚平面物体无法成像。在非相干成像情况下 (见图 4.3.3)，有可能获得轴向不发生变化的厚物体结构的图像，因为在 l=0 以外 $C(l,\,0)$ 是有限的。但是横向无变化的厚平面结构无法成像，因为 C(0,s) 是 delta 函数。

4.4.2 薄物体

如果一个物体在深度上很薄，并且与物镜的焦平面有 z' 的距离。目标函数 $o(x,y,z)$ 可以写成

$$o(x,y,z)=o'(x,y)\delta(z-z') \tag{4.4.10}$$

这里 delta 函数 $\delta(z-z')$ 表示薄物体沿轴向的位置。式 (4.4.10) 对应的傅里叶变换为

$$O(m,n,s)=\exp(-2\pi \mathrm{i} z's)O'(m,n) \tag{4.4.11}$$

其中式 (4.4.3) 给出的 $O'(m,n)$ 是 $o'(x,y)$ 的二维傅里叶逆变换，不依赖于轴向空间频率 s。将式 (4.4.11) 代入式 (4.2.5) 和式 (4.3.5) 得到相干和非相干成像的

图像强度:

$$I(x_3,y_3,z_3)=\left|\iint_{-\infty}^{\infty}c_2(m,n,z_3)O'(m,n)\exp\left[-2\pi\mathrm{i}(x_3mM+y_3nM)\right]\mathrm{d}m\mathrm{d}n\right|^2 \tag{4.4.12}$$

$$I(x_3,y_3,z_3)=\iint_{-\infty}^{\infty}C(m,n,z_3)O'(m,n)\exp\left[-2\pi\mathrm{i}(x_3mM+y_3nM)\right]\mathrm{d}m\mathrm{d}n \tag{4.4.13}$$

其中，$c_2(m,n,z_3)$ 和 $C_2(m,n,z_3)$ 分别称为二维离焦 CTF 和二维离焦 OTF，写作

$$c_2(m,n,z_3)=\int_{-\infty}^{\infty}c(m,n,s+1/\lambda)\exp\left[2\pi\mathrm{i}s(M^2z_3-z')\right]\mathrm{d}s \tag{4.4.14}$$

$$C_2(m,n,z_3)=\int_{-\infty}^{\infty}C(m,n,s)\exp\left[2\pi\mathrm{i}s(M^2z_3-z')\right]\mathrm{d}s \tag{4.4.15}$$

显然，通过薄物体可探测到的三维图像强度由二维离焦传递函数决定，也就是三维传递函数对于 s 的一维傅里叶变换。特别地, 当薄对象置于透镜焦平面时, 决定共焦强度 $c_2(m,n,z_3=z'/M^2)$ 和 $C_2(m,n,z_3=z'/M^2)$ 的二维共焦传递函数, 简单地通过三维传递函数对轴向空间频率分量 s 的积分给出。换句话说，二维聚焦传递函数是三维传递函数在焦平面上的投影。这是傅里叶变换理论的投影切片定理 [4.1] 的结果。投影将在 4.5 节进一步研究。

4.4.3 线物体

现在我们转向这样一个物体，它是一条与轴向轴平行的直线，强度沿着它的长度变化。假设离轴距离为 x' 和 y'，我们得到线物体的目标函数和相应的目标谱分别为

$$o(x,y,z)=o''(z)\delta(x-x')\delta(y-y') \tag{4.4.16}$$

和

$$O(m,n,s)=\exp\left[-2\pi\mathrm{i}(x'm+y'n)\right]O''(s) \tag{4.4.17}$$

这里 $O''(s)$ 由式 (4.4.7) 给出数学表达式。将式 (4.4.17) 代入式 (4.2.5) 和式 (4.3.5) 得到图像强度:

$$I(x_3,y_3,z_3)=\left|\int_{-\infty}^{\infty}c_1(s,x_3,y_3)O''(s)\exp(2\pi\mathrm{i}M^2z_3s)\mathrm{d}s\right|^2 \tag{4.4.18}$$

$$I(x_3,y_3,z_3)=\int_{-\infty}^{\infty}C_1(s,x_3,y_3)O''(s)\exp(2\pi\mathrm{i}M^2z_3s)\mathrm{d}s \tag{4.4.19}$$

其中 $c_1(s,x_3,y_3)$ 和 $C_1(s,x_3,y_3)$ 分别是一维 CTF 和一维 OTF，分别表示为

$$c_1(s,x_3,y_3)=\iint_{-\infty}^{\infty} c(m,n,s+1/\lambda)\exp\{-2\pi\mathrm{i}\,[(x_3-x')m+(y_3-y')n]\}\,\mathrm{d}m\mathrm{d}n \tag{4.4.20}$$

$$C_1(s,x_3,y_3)=\iint_{-\infty}^{\infty} C(m,n,s)\exp\{2\pi\mathrm{i}\,[(Mx_3-x')m+(My_3-y')n]\}\,\mathrm{d}m\mathrm{d}n \tag{4.4.21}$$

因此线物体的图像强度可以通过一维线传递函数得到，而一维传递函数可以由三维传递函数对 m 和 n 的二维傅里叶变换得到。当线物体位于轴向轴上时，一维轴上传输函数 $c_1(s,x_3=x'/M,y_3=y'/M)$ 和 $C_1(s,x_3=x'/M,y_3=y'/M)$ 由三维传递函数对 m 和 n 的积分得到，这个结果表明一维轴上传递函数是三维传递函数在轴向轴上的投影，我们将在 4.5 节详细讨论。

4.4.4 点物体

对于位于 x'、y'、z' 位置的点物体，其目标函数和目标谱分别为

$$o(x,y,z)=\delta(x-x')\delta(y-y')\delta(z-z') \tag{4.4.22}$$

和

$$O(m,n,s)=\exp[-2\pi\mathrm{i}(x'm+y'n+z's)] \tag{4.4.23}$$

式 (4.4.23) 表示一个点物体包含所有模相等的空间频率分量。因此点物体的图像强度为

$$I(x_3,y_3,z_3)=\left|\iiint_{-\infty}^{\infty} c(m,n,s)\times\exp\left\{-2\pi\mathrm{i}\left[(Mx_3-x')m+(My_3-y')n-(M^2z_3-z')s\right]\right\}\mathrm{d}m\mathrm{d}n\mathrm{d}s\right|^2 \tag{4.4.24}$$

$$I(x_3,y_3,z_3)=\iiint_{-\infty}^{\infty} C(m,n,s)\times\exp\left\{-2\pi\mathrm{i}\;\left[(Mx_3-x')m+(My_3-y')n-(M^2z_3-z')s\right]\right\}\mathrm{d}m\mathrm{d}n\mathrm{d}s \tag{4.4.25}$$

正如预期，这是三维传递函数的三维傅里叶变换，因此代表了三维点扩散函数。

4.5 聚焦和轴上传递函数

到目前为止，我们已经认识到焦平面上薄物体的二维聚焦传递函数是三维传递函数的投影，而不是通过三维传递函数的横截面。通过三维传递函数在 $s=0$ 处的横截面给出了平面厚物体横向成像的传递函数，结构在 z 方向上不改变。类似地，对于轴线上的线对象，一维轴上传递函数是相应的三维传递函数的投影，而不是通过三维传递函数沿直线 $m=n=0$ 的横截面。这个截面给出了大平面结构轴向成像的传递函数，其中结构强度只在轴向变化。本节我们将利用 4.2 节和 4.3 节的结果推导圆透镜的二维聚焦和一维轴上传递函数。

4.5.1 聚焦传递函数

在相干成像情况下，圆透镜的三维 CTF 由式 (4.2.10) 给出。圆对称情况下将式 (4.2.10) 代入式 (4.4.14) 得到透镜焦平面 CTF:

$$c_2(l)=P(l) \tag{4.5.1}$$

这里的 l 已由式 (4.2.7) 进行归一化。可见，透镜的二维聚焦 CTF 是透镜的瞳函数。如图 4.5.1 所示，二维聚焦 CTF 在 $I=1$ 处截止，在截止空间频率以下为常数。考虑式 (4.2.7) 中的归一化因素，实际截止横向频率为 $\sin\alpha_0/\lambda$，取决于透镜的数值孔径和光照波长。

对于圆透镜的非相干成像，二维聚焦 OTF 由图 4.3.3 中三维 OTF 对 s 的积分得到

$$C_2(l)=K\int_0^{s(l)}C(l,s)\mathrm{d}s \tag{4.5.2}$$

其中，考虑了对称性 $C(l,s)=C(l,-s)$，K 为归一化常数。圆透镜的三维 OTF 由式 (4.3.18) 给出，其非零区域为

$$s(l)=l(1-l/2) \tag{4.5.3}$$

将式 (4.3.18) 代入式 (4.5.3) 得到

$$C_2(l)=K\int_0^{l(1-l/2)}\frac{1}{l}\sqrt{1-\left(\frac{|s|}{l}+\frac{l}{2}\right)^2}\mathrm{d}s \tag{4.5.4}$$

令 $R=s+l^2/2$ 有

$$C_2(l)=K\frac{1}{l^2}\int_{l^2/2}^{l}\sqrt{l_2-R^2}\mathrm{d}s \tag{4.5.5}$$

在上述表达式中使用下面的积分公式：

$$\int \sqrt{a^2-u^2}\mathrm{d}u = \frac{u}{2}\sqrt{a^2-u^2}+\frac{a^2}{2}\arcsin\frac{u}{a}+C \tag{4.5.6}$$

得到

$$C_2(l) = \frac{2}{\pi}\left[\arccos\left(\frac{l}{2}\right)-\frac{l}{2}\sqrt{1-\left(\frac{l}{2}\right)^2}\right] \tag{4.5.7}$$

推导过程使用了以下恒等式：

$$\frac{\pi}{2}-\arcsin\frac{l}{2}=\arccos\frac{l}{2} \tag{4.5.8}$$

式 (4.5.7) 的最终结果在 $l=0$ 处进行了归一化。不出所料，式 (4.5.7) 与圆形瞳函数 $P(\rho)$ 的自卷积结果一致 [4.4]，如图 4.5.1 所示。圆透镜的聚焦 OTF 在两处截止，是相同透镜相干成像的两倍大。需要指出的是，虽然非相干成像的截止空间频率大于相干成像，但这并不意味着非相干成像系统优于相干成像系统，因为这两种成像系统在物理上是不同的。

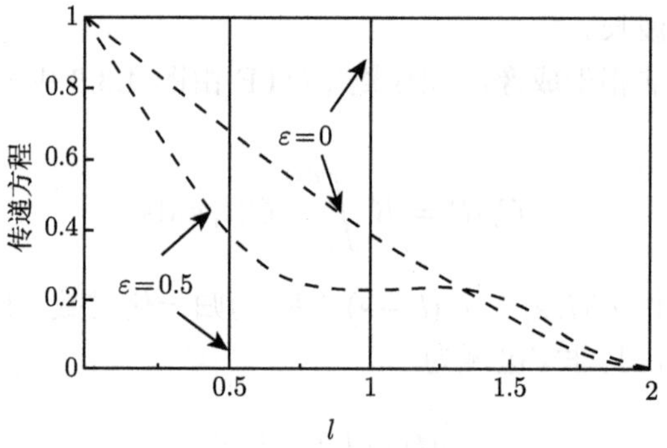

图 4.5.1　圆透镜 (ε=0) 与环形透镜 (ε=0.5) 二维聚焦 CTF(实线) 与二维聚焦 OTF(虚线)

对于环形透镜，式 (4.3.20) 的投影可以得到环形透镜的二维聚焦 OTF。二维聚焦 OTF 的表达式是由不同区域定义的若干函数给出的 [4.7,4.8]，而式 (4.3.20) 对应的三维 OTF 简单而且紧凑。因此，将二维聚焦 OTF 视为三维 OTF 的投影，避免了定义众多适用区域的必要性。

需要指出的是，二维聚焦传递函数也可以由二维点扩展函数的二维傅里叶变换得到。在相干成像情况下，聚焦振幅点扩展函数是瞳函数的二维傅里叶变换 (见式 (3.3.9))。因此，可以理解为，二维聚焦 CTF 可以简单地用具有修改变量的瞳函数给出。对于非相干成像，二维聚焦强度点扩展函数是二维聚焦振幅点扩展函数的模平方，聚焦强度点扩展函数的二维傅里叶变换得到二维聚焦 OTF。换句话说，二维聚焦 OTF 是二维聚焦 CTF 的二维自卷积，如图 4.5.1 所示。

4.5.2　轴上传递函数

圆透镜的一维轴上 CTF 为

$$c_1(s) = K\int_0^{2\pi}\int_0^2 c(l,s)l\mathrm{d}l\mathrm{d}\phi \tag{4.5.9}$$

其中，ϕ 为空间频率域的极角。利用式 (4.2.10) 可将式 (4.5.9) 写为

$$c_1(s) = P(\sqrt{2s}) \tag{4.5.10}$$

这和 $s=\varepsilon^2/2$ 处的截止空间频率一致。圆透镜和环形透镜的一维轴上 CTF 如图 4.5.2 所示。

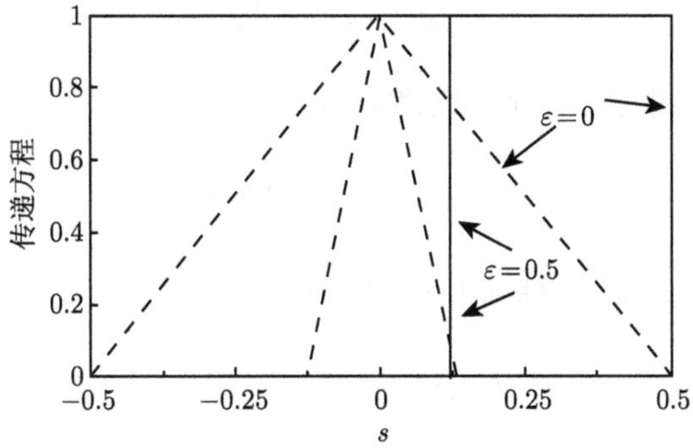

图 4.5.2　圆形 (£= 0) 与环形 (£= 0.5) 透镜的一维轴上 CTF (实线) 与一维轴上 OTF(虚线)

为了推导圆透镜的一维轴上 OTF，我们有

$$C_1(s) = K\int_0^{2\pi}\int_{l_2(s)}^{l_1(s)} C(l,s)l\mathrm{d}l\mathrm{d}\phi \tag{4.5.11}$$

将式 (4.3.18) 代入得到

$$C_1(s) = K\int_{l_2(s)}^{l_1(s)} \frac{1}{l}\sqrt{l^2-\left(|s|+\frac{l^2}{2}\right)^2}\,l\mathrm{d}l \tag{4.5.12}$$

其中，

$$l_{1,2}(s) = 1\pm\sqrt{1-2|s|} \tag{4.5.13}$$

令

$$\begin{cases} x = l^2 \\ a_0 = -s^2 \\ b_0 = (1 - |s|) \\ c_0 = -0.25 \\ \varDelta = 4a_0c_0 - b_0^2 = 2(|s| - 0.5) \\ R = a_0 + b_0x + c_0x^2 \end{cases} \tag{4.5.14}$$

式 (4.5.12) 可简化为

$$C_1(s) = K\int_{x_2}^{x_1} \frac{1}{x}\sqrt{R}\mathrm{d}x \tag{4.5.15}$$

其中，$x_{1,2} = (l_{1,2})^2$，利用下面的积分公式：

$$\int \frac{1}{x}\sqrt{R}\mathrm{d}x = \sqrt{R}+\sqrt{-a_0}\arcsin\frac{2a_0 + b_0x}{x\sqrt{-\varDelta}}+\frac{-b_0}{2\sqrt{-c_0}}\arcsin\frac{2c_0x + b_0}{\sqrt{-\varDelta}}+C \tag{4.5.16}$$

并将结果在 s=0 处进行归一化，最终得到

$$C_1(s) = (1 - 2|s|) \tag{4.5.17}$$

相似地，环形透镜的一维轴上 OTF 为 [4.7]

$$C_1(s) = (\varepsilon^2 - 2|s|) \tag{4.5.18}$$

式 (4.5.18) 如图 4.5.2 所示，其截止空间频率为 $\varepsilon^2/2$。这个一维轴上 OTF 与图 4.3.3 中在 I= 0 处通过三维 OTF 的截面不同，截面给出了原点处的 delta 函数。这意味着只体现轴向强度变化的平面结构在非相干成像过程中不能用单一透镜成像。这种特征是由三维 OTF 中空间频率锥的缺失造成的。只有在平面结构存在横向调制时才能获得轴向成像。

4.6 相干成像和非相干成像的比较

让我们考虑如图 4.1.2 所示的一个薄的一维周期方波物体。其在一个周期内的目标函数 $o(x)$ 可表示为

$$o(x) = \begin{cases} 1, & |x| < T/4 \\ 0, & \text{其他} \end{cases} \tag{4.6.1}$$

这里的 $1/T$ 称为物体的空间频率，即 $1/T=v$。在图 4.1.2 所示的例子中，T 等于 4 个归一化单位。式 (4.6.1) 中的函数 $o(x)$ 既可以表示相干成像的振幅透过率/反射率，也可以表示非相干成像的强度透过率/反射率。任一情况下，通过式 (4.6.1) 的一维傅里叶变换，可以得到该物体的空间频谱 $O(m)$：

$$O(m)=\int_{-\infty}^{\infty}o(x)\exp(-2\pi\mathrm{i}mx)\mathrm{d}x \tag{4.6.2}$$

由于对称性，目标谱包含一系列离散的奇谐波项：

$$O(m)=\begin{cases}\dfrac{1}{2}, & n=0\\ \dfrac{1}{\pi}\dfrac{(-1)^{n-1}}{2n-1}\left\{\delta\left[m-(2n-1)v\right]+\delta\left[m+(2n-1)v\right]\right\}, & n=1,2,3,\cdots\end{cases} \tag{4.6.3}$$

目标谱的前四项，即常数项、一阶、三阶和五阶谐波项，四项之和如图 4.6.1 所示。利用式 (4.6.3) 中的目标谱，我们可以将目标函数重写为

$$o(x)=\frac{1}{2}+\frac{2}{\pi}\sum_{n=0}^{\infty}\frac{(-1)^{n-1}}{2n-1}\cos\left(\frac{2n-1}{2}\pi x\right) \tag{4.6.4}$$

如果目标物体的结果需要接近原始物体，则需要在式 (4.6.4) 总和中加入更多项。

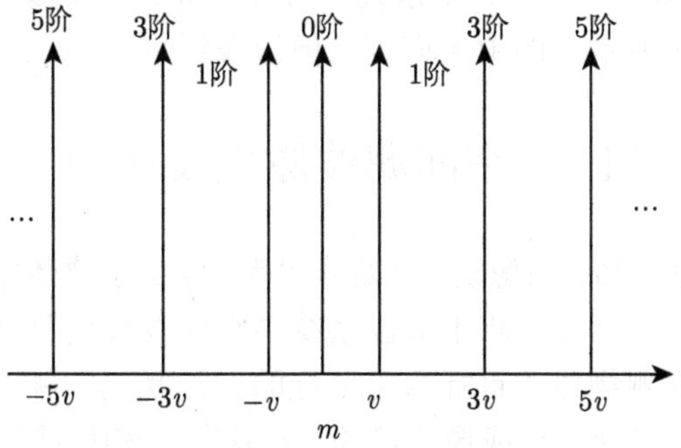

图 4.6.1 空间周期为 $1/v$ ($v=114$) 的一维周期性方波薄物体光谱的前四项

对于相干成像，根据 4.4 节的讨论，可以计算出图像的强度：

$$I(x)=\left|\int_{-\infty}^{\infty}c(m,0)O(m)\exp(-2\pi\mathrm{i}xm)\mathrm{d}m\right|^2 \tag{4.6.5}$$

其中，$c(m,0)$ 为 $n=0$ 时的二维聚焦 CTF。对于折射率为 1.518 的浸油，若圆透镜的数值孔径为 1.4，光照波长为 0.488 μm，如图 4.5.1 所示，只允许目标光谱

中前 12 个谐波项传输。因此，得到的图像如图 4.6.2(a) 所示。在图像中发生的调制是由与高空间频率相对应的那些项的损失造成的。

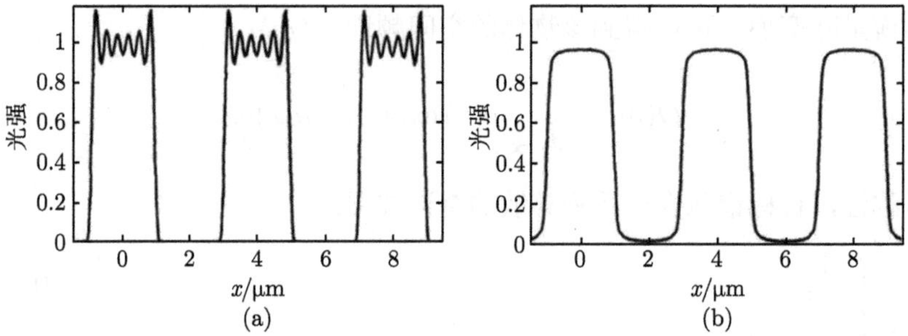

图 4.6.2　一维周期性方波薄物体 (T=4 μm) 在使用 1.4 透镜数值孔径以及 488 nm 入射波长下的归一化的图像光强：(a) 相干成像；(b) 非相干成像情形

在使用圆透镜进行非相干成像时，图像强度为

$$I(x)=\int_{-\infty}^{\infty}C(m,0)O(m)\exp(-2\pi \mathrm{i}xm)\mathrm{d}m \tag{4.6.6}$$

这里 $C(m, 0)$ 是单透镜在 $n=0$ 时的二维聚焦 OTF。对于图 4.6.2(a) 中给定的数值孔径和波长，相干成像时二维聚焦 OTF 的截止空间频率是二维聚焦 CTF 的两倍。因此，在空间谱内的前 22 个谐波项可以在非相干成像中传输。所得到的图像强度如图 4.6.2(b) 所示，图中无调制，但边缘锐度下降。

4.7　空间滤波原理及应用

从 4.6 节的讨论可知，图像质量 (如分辨率) 取决于物体中有多少谐波成分能通过成像系统传输。尽管在非相干成像系统中观测物体的目标谱是不容易的，但在相干成像系统中观测物体的目标谱是可行的。让我们回顾一下在 3.3 节中学过的阿贝成像理论。在包含两个成像透镜的 $4f$ 成像系统中 (图 4.7.1)，目标谱可以显示在第一个透镜的后焦平面上。

在这个放大倍数不为 1 的 $4f$ 成像系统中，根据式 (3.3.30)，我们可以将第一个透镜后焦平面的场表示为

$$U_2(x_2,y_2)=\iint_{-\infty}^{\infty}U_1(x_1,y_1)\exp\left[\frac{\mathrm{i}k}{f_1}(x_1x_2+y_1y_2)\right]\mathrm{d}x_1\mathrm{d}y_1 \tag{4.7.1}$$

式中，U_1 为第一透镜前焦面上的物函数 (或物透过率)，其中常数相位项被忽略。

与式 (4.2.2) 的二维形式相比，式 (4.7.1) 为目标谱，关系如下:

$$\begin{cases} m = -\dfrac{x_2}{f_1\lambda} \\ n = -\dfrac{y_2}{f_1\lambda} \end{cases} \tag{4.7.2}$$

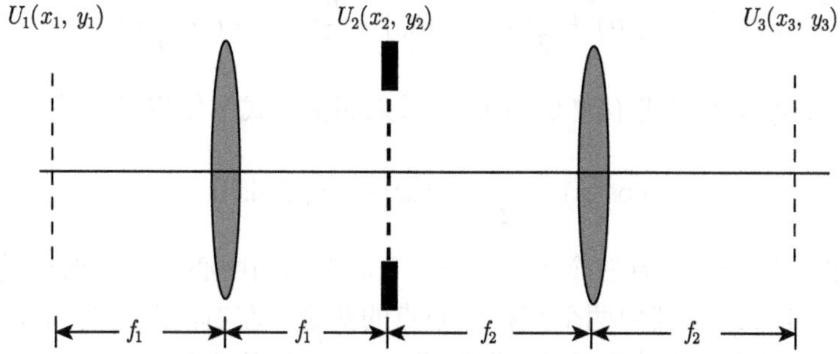

图 4.7.1 空间滤波成像系统的示意图

如果将透过率为 $P(x_2, y_2)$ 的掩模 P 放置在第一 (二) 透镜的后 (前) 焦平面的光谱面上，则可改变目标光谱，因此第二透镜的后焦平面的场变为

$$U_3(x_3, y_3) = \iint_{-\infty}^{\infty} U_2(x_2, y_2)P(x_2, y_2)\exp\left[\frac{\mathrm{i}k}{f_2}(x_2x_3 + y_2y_3)\right]\mathrm{d}x_2\mathrm{d}y_2 \tag{4.7.3}$$

利用式 (4.7.2) 得到

$$\begin{aligned} &U_3(x_3, y_3) \\ &= \iint_{-\infty}^{\infty} U_2(-m\lambda f_1, -n\lambda f_1)P(-m\lambda f_1, -n\lambda f_1)\exp\left[-\mathrm{i}2\pi M(mx_3 + ny_3)\right]\mathrm{d}m\mathrm{d}n \end{aligned} \tag{4.7.4}$$

由上式可知，在 $4f$ 成像系统中，放置在光谱平面上的掩模透过率 $P(x_2, y_2)$ 相当于一个二维相干传递函数或者是成像系统的瞳函数。因此

$$P(-m\lambda f_1, -n\lambda f_1) = c_2(m, n) \tag{4.7.5}$$

$P(-m\lambda f_1, -n\lambda f_1)$ 或者 $c_2(m, n)$ 实际上改变了一个物体的空间光谱。通过改变 $P(x_2, y_2)$ 的分布，可以有效地改变目标的光谱，从而改变最终图像 $U_3(x_3, y_3)$。空间滤波是指在谱平面中放置适当的掩模来改变图像的傅里叶变换谱。放置在傅里叶变换平面上的掩模称为空间滤波器。下面给出了在 $4f$ 系统中进行空间滤波的几个例子。

4.7.1　正弦光栅图像

假设物体是一个空间频率为 m_0 的一维正弦光栅 ($1/m_0$ 为光栅波长，见图 4.7.2(a)):

$$U_1(x_1, y_1) = 1 + b\cos(2\pi m_0 x_1) \tag{4.7.6}$$

其傅里叶变换为

$$\widetilde{U_1}(m,n) = \left\{\delta(m) + \frac{b}{2}\delta(m - m_0) + \frac{b}{2}\delta(m + m_0)\right\}\delta(n) \tag{4.7.7}$$

其中 m 和 n 可以根据式 (4.7.2) 中的关系来测量，式中使用了公式

$$\cos(x) = \frac{1}{2}\left[\exp(\mathrm{i}x) + \exp(-\mathrm{i}x)\right]$$

这个物体的空间光谱只有三个点; 一个位于谱平面的中心，因为对应的空间频率为零 (见式 (4.7.2))，其他两个点在中心点的两边，左右间距均为 m_0 (图 4.7.3)，由第二个透镜形成的物体像场 U_3 根据式 (4.7.4) 可表示为

$$\begin{aligned} U_3(x_3, y_3) =& c_2(0,0) + \frac{b}{2}c_2(m_0, 0)\exp(2\pi m_0 x_3 M) \\ &+ \frac{b}{2}c_2(-m_0, 0)\exp(-2\pi m_0 x_3 M) \end{aligned} \tag{4.7.8}$$

对于半径为 a 的圆形均匀掩模，二维 CTF 是空间频率 m 的偶函数，即 $c_2(-m_0, 0) = c_2(m_0, 0)$，其截止空间频率为 $a/f_1\lambda$。因此

$$U_3(x_3, y_3) = c_2(0,0) + bc_2(m_0, 0)\cos(2\pi m_0 x_3 M) \tag{4.7.9}$$

如果 $m_0 < a/f_1\lambda$，则有 $c_2(m_0, 0) = 1$(图 4.5.1)。相应地，图像振幅 $U_3(x_3, y_3)$ 与原物体透过率形状相同，但被放大了 $1/M$(图 4.7.2(b))。

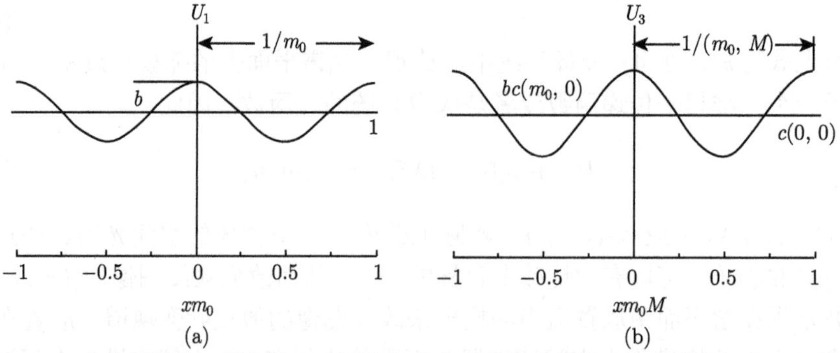

图 4.7.2　$4f$ 光学系统中，当物体三个频率部分传过成像系统时，正弦型光栅的 (a) 物与 (b) 像分布

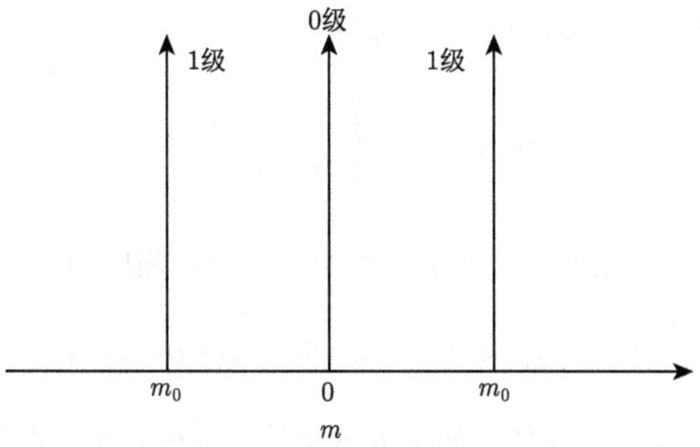

图 4.7.3 正弦型光栅的空间光谱

最后，图像强度为图像振幅的模量的平方:

$$I_3(x_3,y_3)=\left|c_2(0,0)+bc_2(m_0,0)\cos(2\pi m_0x_3M)\right|^2 \tag{4.7.10}$$

简化为

$$I_3(x_3,y_3)\approx\left|c_2(0,0)\right|^2+2\mathrm{Re}\left\{bc_2(m_0,0)(c_2(0,0))^*\cos(2\pi m_0x_3M)\right\} \tag{4.7.11}$$

如果我们假设 $b\ll 1$，在这种情况下，该对象称为弱对象，从而忽略了式 (4.7.10) 中的二阶项。如果 $c_2(m_0,0)$ 是实数，则当 b 是虚数时，式 (4.7.11) 中的第二项为零。换句话说，这里没有图像。

4.7.2 相衬图像

式 (4.7.6) 中虚数 b 的意义是什么? 从物理上讲，虚数 b 相当于一个相位物体。为了进一步说明这一点，我们考虑一个厚度为 d 的厚物体，如果该物体的折射率沿 x 方向呈正弦变化，则该物体的透过率为

$$U_1(x_1,y_1)=\exp\left\{\mathrm{i}kd\cos(2\pi m_0x_1)\right\} \tag{4.7.12}$$

也就是我们这里的目标函数。这个表达式表示该物体的透过率相位呈正弦变化，而该物体的振幅在空间上不发生变化。因此，式 (4.7.12) 中的物体是一个相位物体。如果相位变化很小，即 $kd\ll 1$，则

$$U_1(x_1,y_1)\approx 1+\mathrm{i}kd\cos(2\pi m_0x_1) \tag{4.7.13}$$

所以 $b=\mathrm{i}kd$，是一个虚数。

如何获得式 (4.7.13) 表示的相位物体的图像呢? 假设我们有一个空间滤波器，它在频谱平面上除 $m=n=0$ 以外的任何地方将相位改变 $\pi/2$。换句话说，

图 4.7.1 中系统的二维 CTF 有如下形式：

$$c_2(m,0)=\begin{cases}\mathrm{i}, & m\neq 0\\ 1, & m=0\end{cases} \tag{4.7.14}$$

将上述表达式代入式 (4.7.11)，得到光栅物体的图像强度为

$$I_3(x_3,y_3)\approx 1+2\mathrm{Re}\left\{\mathrm{i}b\right\}\cos(2\pi m_0 x_3 M) \tag{4.7.15}$$

对于式 (4.7.13) 中的相位物体，如果 b 为虚数，则得到图像强度：

$$I_3(x_3,y_3)\approx 1-2\mathrm{Im}\left\{b\right\}\cos(2\pi m_0 x_3 M) \tag{4.7.16}$$

其中 Im 为其实参的虚部。因此，可以获得相位物体的图像。这种方法叫作泽尼克 (Zernike) 相位对比法，泽尼克因此获得 1953 年诺贝尔物理学奖。

在实际应用中，很容易在定向光束，也就是 $m=n=0$ 而不是 $m\neq 0$，$n\neq 0$ 处改变掩模的相位。但最终的结果和式 (4.7.16) 完全一样。如果我们让一个空间滤波器满足：

$$c_2(m,0)=\begin{cases}\mathrm{i}B, & m\neq 0\\ 1, & m=0\end{cases} \tag{4.7.17}$$

然后图像强度变成

$$I_3(x_3,y_3)\approx 1-2B\mathrm{Im}\left\{b\right\}\cos(2\pi m_0 x_3 M) \tag{4.7.18}$$

当 $B>1$ 时，图像对比度增强了因子 B。

4.7.3 光学数据处理

空间滤波器也可用于光学数据处理。数学运算，如二维傅里叶变换、卷积、相关等可以在一个 $4f$ 相干光学系统中执行。例如，可以在图 4.7.4 所示的相干处理器中实现卷积操作。相干点源 S 通过透镜 L_1 扩束提供准直的光束。第一个物体 U_1(即一幅图像) 放置在透镜 L_2 的前焦平面。如果一个空间滤光器的振幅透过率等于第二个物体 U_2(例如一幅图像) 的傅里叶变换，则透镜 L_3 的前焦平面的总光场为第一个物体傅里叶变换与第二个物体傅里叶变换的乘积。经过透镜 L_3 的傅里叶变换后，透镜 L_3 的后焦平面上的光场是 U_1 和 U_2 的卷积。

这个实验的一个难点是制作一个空间滤波器，使它的振幅透过率是我们想要的函数的傅里叶变换。解决这一问题的方法之一是利用干涉原理 [4.4]。在膜上可以记录参考光束与包含所需振幅和相位信息的光束之间的干涉图样。这样的滤波

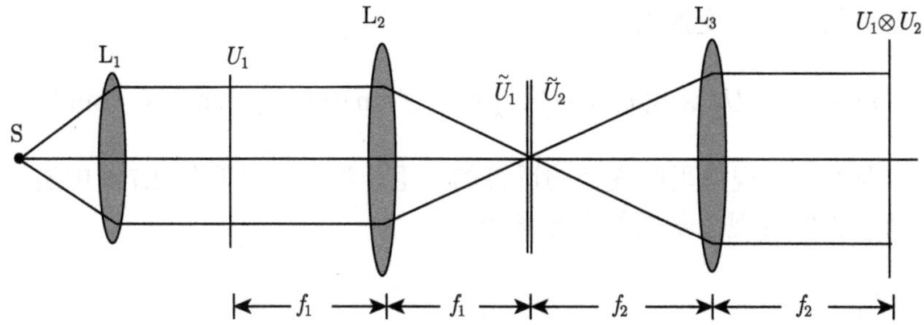

图 4.7.4 一个卷积运算过程的相干系统

器可以在图 4.7.5 所示的光学装置中实现。在这种系统中，一束准直的均匀参考光入射到放置在透镜后焦平面上的记录膜上。参考光的振幅可以表示为

$$U_{\mathrm{r}} = \exp(-\mathrm{i}kx\sin\theta) \tag{4.7.19}$$

其中，θ 为膜的入射角。不失一般性，我们假设式 (4.6.19) 中入射振幅是统一的。当需要的物体 U_2 被放置在透镜的前焦平面上时，在透镜的后焦平面上就会产生参考光束与物体 U_2 的傅里叶变换之间的干涉图案。因此膜上的总振幅为 $\widetilde{U}_2 + \exp(-\mathrm{i}kx\sin\theta)$，其中 $\widetilde{U}_2$ 是 U_2 的傅里叶变换，因此膜上的强度为

$$I_f = \left|\widetilde{U}_2 + \exp(-\mathrm{i}kx\sin\theta)\right|^2 = 1 + \left|\widetilde{U}_2\right|^2 + 2\mathrm{Re}\left[\exp(\mathrm{i}kx\sin\theta)(\widetilde{U}_2)^*\right] \tag{4.7.20}$$

如果薄膜是线性展开的 [4.4]，其振幅透过率与薄膜上记录的强度成正比，即

$$U_f \propto 1 + \left|\widetilde{U}_2\right|^2 + \exp(\mathrm{i}kx\sin\theta)(\widetilde{U}_2)^* + \exp(-\mathrm{i}kx\sin\theta)\widetilde{U}_2 \tag{4.7.21}$$

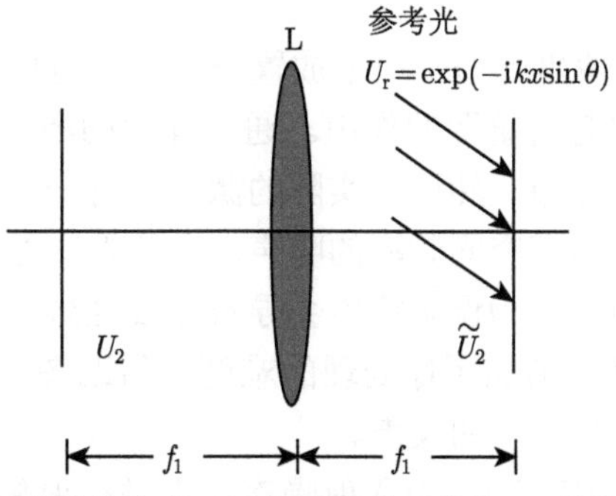

图 4.7.5 空间滤波的产生，透射振幅等于物体 U 的傅里叶变换结果

现在可以看出，该薄膜的振幅透过率不仅包括与所需对象的傅里叶变换成正比的一项 (项 4)，还包括与所需对象的傅里叶变换的复共轭成正比的一项 (项 3)。

薄膜透过率的傅里叶变换为

$$\widetilde{U}_f \propto \delta(x) + U_2 \otimes U_2^* \otimes \delta(x) + U_2^* \otimes \delta(x - f\sin\theta) + U_2 \otimes \delta(x + f\sin\theta) \quad (4.7.22)$$

其中，f 为用于实现傅里叶变换的透镜的焦距。将 U_f 置于图 4.7.4 中透镜 L_2 的后焦平面，我们发现该平面的总光场为

$$\begin{aligned} U_2 =& \widetilde{U}_1 U_f \\ =& \widetilde{U}_1 + \widetilde{U}_1 \left|\widetilde{U}_2\right|^2 + \exp(ikx\sin\theta)\widetilde{U}_1(\widetilde{U}_2)^* + \exp(-ikx\sin\theta)\widetilde{U}_1\widetilde{U}_2 \end{aligned} \quad (4.7.23)$$

所以透镜 L_3 的后焦平面的场变成

$$U_3 = \mathcal{F}\left\{\widetilde{U}_1 U_f\right\} = U_1 \otimes \widetilde{U}_f$$

利用式 (4.7.22)，上式可改写为

$$\begin{aligned} U_3 =& U_1 \otimes \delta(x) + U_1 \otimes U_2 \otimes U_2^* \otimes \delta(x) \\ &+ U_1 \otimes U_2^* \otimes \delta(x - f_2\sin\theta) + U_1 \otimes U_2 \otimes \delta(x + f_2\sin\theta) \end{aligned} \quad (4.7.24)$$

由此可见，式 (4.7.24) 中的第三项和第四项分别代表了互相关和卷积运算。其在空间上分别移动 $f_2\sin\theta$ 和 $-f_2\sin\theta$。如果 $U_1 = U_2$，互相关项给出了自相关操作，表现出超过卷积项的亮点，因为自相关的相位项在透镜 L_2 的后焦平面被抵消。$U_1 = U_2$ 的滤波器称为匹配滤波器，在模式识别领域十分有用。

4.7.4　其他的空间滤波器

在 $4f$ 系统中，在傅里叶谱平面上放置一个针孔可以作为空间滤波器，在清除带有噪声的激光束中起着重要的作用。通常理想的激光束，如 TEM_{00} 模光束沿径向具有光滑的高斯分布。然而，实际的激光束有一个高斯分布加上一些由电子和其他环境因素产生的高空间频率的噪声。在高功率激光束的许多应用中，这种嘈杂的激光是有害的，因为调制峰值会导致非线性效应。在成像情况下，噪声光束会降低图像对比度，增加图像处理的难度。借助图 4.7.6 所示的 $4f$ 光学系统，可以消除叠加在激光束上的噪声。

在图 4.7.6 中，第一透镜 L_1 对入射噪声光束进行聚焦，也对入射光束进行二维傅里叶变换。第一透镜 L_1 后焦平面上的高斯光束的傅里叶变换频谱包括一个由高斯光束产生的在中心区域的高斯谱，以及一个在谱平面上远离原点分布的由噪声产生的高空间频率区域。当针孔同轴放置在谱面上时，频谱中的噪声成分被

阻挡，产生高斯型谱传输。因此，经过第二透镜 L_2 傅里叶变换后，输出光束变得平滑，并扩束 $1/M = f_2/f_1$ 倍。

上述使用空间滤波器去除噪声的想法，也可以用于清除具有特定空间频率对应噪声的图像。例如，电视监视器中记录的图像由扫描线组成，扫描线对应于一系列空间频率的谐波。当将该图像置于 $4f$ 系统中第一透镜的前焦面上 (图 4.7.6) 时，第一透镜 L_1 的后焦面上沿垂直于扫描线的方向形成一系列等间距的点。在频谱平面上使用周期掩模，可以阻止这些空间频率，让其他频率通过，可以在第二个透镜 L_2 的后焦平面上获得净化的图像 [4.9]。

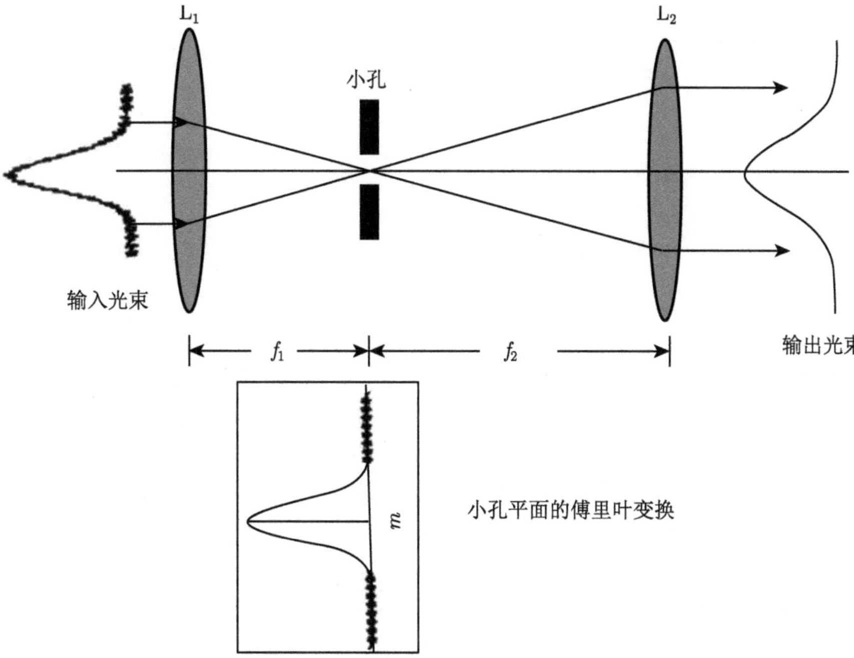

图 4.7.6　对含噪声激光进行光束清理的光学系统

参考文献

[4.1] B. R. Bracewell, *The Fourier Transform and Its Applications* (McGraw-Hill, New York, 1965).

[4.2] M. Born and E. Wolf, *Principles of Optics* (Pergamon, New York, 1980).

[4.3] M. Gu, *Principles of Three-Dimensional Imaging in Confocal Microscopes* (World Scientific, Singapore, 1996).

[4.4] J. W. Goodman, *Introduction to Fourier Optics* (McGraw-Hill, New York, 1968).

[4.5] C. J. R. Sheppard and M. Gu, *Opt. Commun.*, 81 (1991) 276.

[4.6] I. S. Gradstein and I. M. Ryshik, *Tables of Series, Products, and Integrals* (Harri Deutsch, Frankfurt, 1981).

[4.7] D. Jackson, M. Gu, and C. J. R. Sheppard, *J. Opt. Soc. Am. A*, 11 (1994) 1758.

[4.8] E. L. O'Neil, *J. Opt. Soc. Am.*, 46 (1956) 258.

[4.9] B. E. A. Saleh and M. C. Teich, *Fundamentals of Photonics* (John Wiley & Sons, New York, 1991).

第 5 章　超短脉冲光束成像

超短脉冲激光照明在现代光学显微术中占有越来越重要的地位。时间分辨光学显微镜和非线性光学显微镜是光学显微镜中使用超短脉冲激光束的两个例子，超短脉冲在生物研究中起着至关重要的作用。由于透镜色散的影响，本章讨论的透镜或孔径的衍射图样可能会发生变化，特别是当脉冲宽度在亚皮秒 (ps) 或更短的范围内时。5.1 节将简要介绍产生超短脉冲光束的方法 —— 锁模 (mode-locking)。5.2 节将讨论超短脉冲光束的时间和光谱行为。5.3 节将给出超短脉冲光束通过圆孔径、不透明圆屏和锯齿形孔径的衍射情况。5.4 节将推导超短脉冲光束照明下透镜的透过函数表达式 (5.4.9) 和式 (5.4.10)。利用该表达式，我们将在 5.5 节中讨论透镜焦点区域的光场分布。最后，5.6 节将给出透镜的相干传递函数和光传递函数。

5.1　超短脉冲光束的产生

产生脉冲激光束的方法之一是 Q 开关技术 [5.1, 5.2]。这种方法是基于激光腔的 Q 因子参数值的骤变。激光腔的 Q 因子定义为 [5.2]

$$Q=\omega\frac{\text{腔内储能}}{\text{腔内功耗}} \tag{5.1.1}$$

其中，ω 为激光束的角频率。由于激光腔内的各种损耗，需要一个最小增益来建立激光束的振荡，这个最小增益称为阈值。

在 Q 开关技术的帮助下，激光腔最初在高损耗区工作，Q 因子的值很小；一旦增益达到一定值，腔损耗就会迅速减小，从而得到较大的 Q 因子值，此时，腔增益远大于阈值，导致输出激光能量的迅速增加，高能激光输出导致腔增益的快速降低；最后，只要增益低于阈值，就不会产生激光。因此，激光脉冲产生的时间周期很短。Q 开关技术可以产生一个巨大的激光脉冲，其时间宽度为纳秒 (ns) 级 (1 ns = 10^{-9} s)，功率为太瓦特级 (1 太瓦特 = 10^{12} 瓦特)。

如果要获得更短的脉冲宽度，则需要锁模技术。在这里，我们没有给出锁模技术的详细描述，简要描述一下锁模技术的原理。

通常情况下，当腔增益大于阈值时，在激光腔中会有许多不同频率/波长的光在振荡，这些频率/波长必须满足由腔的长度或腔的结构决定的特定条件。与这些频率/波长相对应的光模式称为模，包括纵模和横模。横模的一个例子是高斯光束，它是阶数最低的横模，称为 TEM_{00n} 模式。即使在这种情况下，腔内仍然存在大量的频率为 V_n 的纵模。在这种情况下，两个相邻模之间的频率间隔是恒定的 [5.1]。然而，这些模态的相位是不同的。因此，激光的输出是随时间波动的，其能量等于每种模式所携带的能量之和。采用锁模技术可以固定腔内各模态之间的相位关系，从而提高激光器的峰值功率。为了理解这个过程，让我们假设每个模态都由一个谐波来表示，这样 N 个纵模所构成的总电场为

$$U(t)=\sum_{n=1}^{N}U_n\exp\left[2\pi \mathrm{i}(v_0+n\Delta v)t+\mathrm{i}\phi_n\right] \tag{5.1.2}$$

式中，U_n 和 ϕ_n 分别为 n 阶模的幅值和相位；Δv 为相邻纵模之间的频率间隔；v_0 为任意选择的频率。

如果 ϕ_n 随时间随机波动，那么当总功率不大时，激光器的实用性就会降低。锁模是为了固定每个模式的相位。为简单起见，假设 $\phi_n=0$(每种模式的相位都被固定) 且 $U_n=1$，在这种条件下，式 (5.1.2) 简化为

$$U(t)=\exp(2\pi \mathrm{i}v_0t)\frac{\sin(\pi N\Delta vt)}{\sin(\pi\Delta vt)} \tag{5.1.3}$$

而光强，即式 (5.1.3) 模的平方：

$$I(t)=\frac{\sin^2(\pi N\Delta vt)}{\sin^2(\pi\Delta vt)} \tag{5.1.4}$$

如图 5.1.1 所示，其中，N=5 和 10。

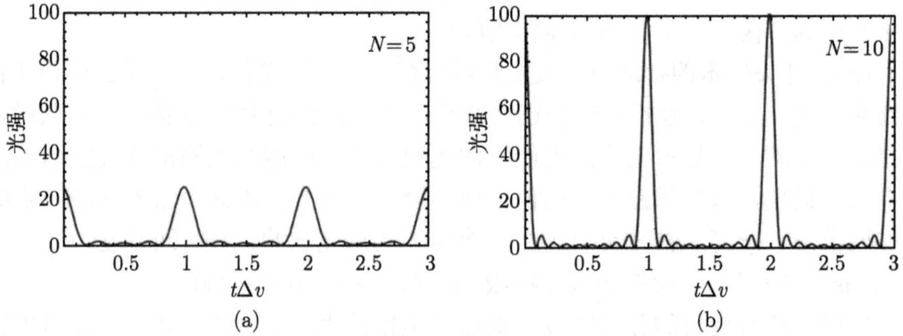

图 5.1.1　锁模脉冲串的时间特性：(a) N=5；(b) N=10

可以看出，锁模激光器的输出由一系列周期脉冲组成，并具有以下特性：

(1) 激光脉冲序列具有一个时间周期 T'，它是模式间隔 Δv 的倒数 [5.1]。纵模与激光腔长度有如下关系：$\Delta v = c/2L$，其中 c 是真空中的光速，L 是激光腔的长度。因此，我们有

$$T' = 1/\Delta v = 2L/c \tag{5.1.5}$$

这里的 $1/T'$ 通常称为锁模激光器的重复频率，在实际中是 70～100 MHz。

(2) 脉冲序列的峰值强度 $I(t = NT')$ 是 N 模式平均强度的 N 倍。换句话说，激光腔中包含的激发模越多，锁模激光器的峰值强度就越高。

(3) 锁模脉冲主峰的时间宽度近似为

$$\Delta\tau = T'/N = 2L/(cN) \tag{5.1.6}$$

因此，模数 N 越大，脉冲宽度 $\Delta\tau$ 越短。

以蓝宝石激光器为例，该激光器是一种商用超短脉冲激光器。蓝宝石激光器空腔长度大约是 2 m，通常存在 100000 种模式。由于光谱宽度约为 10 nm，所以如果每个模式相位被锁定，蓝宝石激光脉冲宽度大约是 100 ps(1 ps=10^{-15} s)。这种激光已成为时间分辨光学显微镜和非线性光学显微镜的主要照明光源。

产生锁模超短脉冲光束的方法有很多，包括电光锁模、声光锁模和饱和吸收锁模。对这些方法的细节感兴趣的读者可以参考列出的参考文献 [5.1] ~ [5.3]。

5.2 超短脉冲光束的时间和光谱分布

锁模激光器的输出由一系列周期脉冲组成。每个脉冲的形状取决于激光腔内脉冲的产生过程 [5.1]。正如 5.1 节所讨论的，脉冲激光束包括许多频率成分。作为例子，我们首先考虑一个中心频率为 ω_0 的高斯型脉冲序列，其场幅值为

$$U_0(t) = \exp(-\mathrm{i}\omega_0 t)\sum_{n=1}^{\infty}\left[-\left(\frac{t-tn}{T}\right)^2\right] \tag{5.2.1}$$

其中，t 为局部时间坐标；tn 为脉冲序列达到峰值的时间；T 表示振幅下降到峰值的 $1/e$ 时的脉冲宽度，它是对脉冲时间宽度的测量。式 (5.2.1) 中的第一个因子对应于中心频率 ω_0 的光场的快速振荡。而第二个因子给出了振荡变化的包络线 (图 5.2.1)。对于脉冲宽度在 ps 范围内的脉冲序列，包络线内有许多振荡周期。但对于 fs 脉冲，在包络线内可能有几个振荡周期。因为测量的强度是时间平均的，所以脉冲包络决定了脉冲序列所携带的能量。

由于每个脉冲都与锁模激光器相同，让我们考虑脉冲序列中的一个脉冲。此时，在 t 范围内对式 (5.2.1) 的第一项 (不失一般性，假设 $t_1 = 0$) 进行傅里叶变换，得到频谱 $V_0(\Delta\omega)$ 的分布:

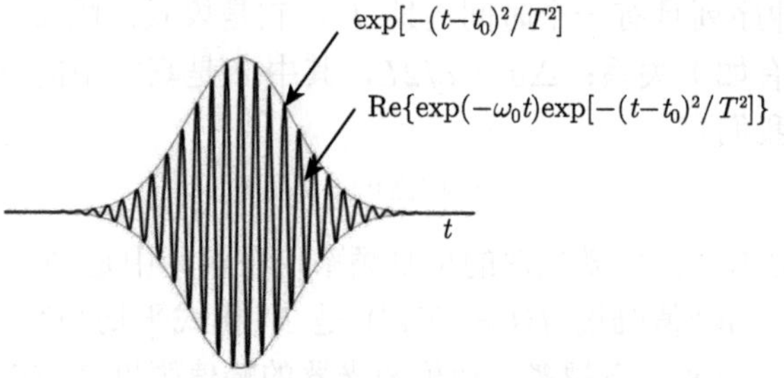

图 5.2.1 超短脉冲的时间变化

$$V_0(\Delta\omega) = \sqrt{\pi}T\exp\left[-\left(\frac{T\Delta\omega}{2}\right)^2\right] \tag{5.2.2}$$

其中，$\Delta\omega = \omega - \omega_0$。需要强调的是，$\omega$ 是光场的时间频率。

与超短脉冲光束相关的两个重要参数分别是时间域和光谱域的半峰全宽 (FWHM)，$\Delta\tau$ 和 $\Delta\Omega$。它们被定义为幅值下降到峰值一半时两个位置之间的总带宽，由式 (5.2.1) 和式 (5.2.2) 可得

$$\Delta\tau = 2T\sqrt{\ln 2} \tag{5.2.3}$$

和

$$\Delta\Omega = 4\sqrt{\ln 2}/T \tag{5.2.4}$$

值得注意的是，$\Delta\tau\Delta\Omega = 8\ln 2$ 为常数。当输入脉冲的 $\Delta\tau = 10$ fs 和 $\lambda_0 = 0.8$ μm 时，对中心频率 ω_0 进行归一化，谱宽 $\Delta\Omega$ 大约是 0.235。这种情况下的时间和光谱分布如图 5.2.2 所示。作为对比，图 5.2.2 还包括当 $\Delta\tau \to \infty$ 时的连续波 (CW) 照明时的时间和光谱分布。在这种情况下，光场的振幅是恒定的，对应单一频率 $\Delta\Omega \to \infty$。

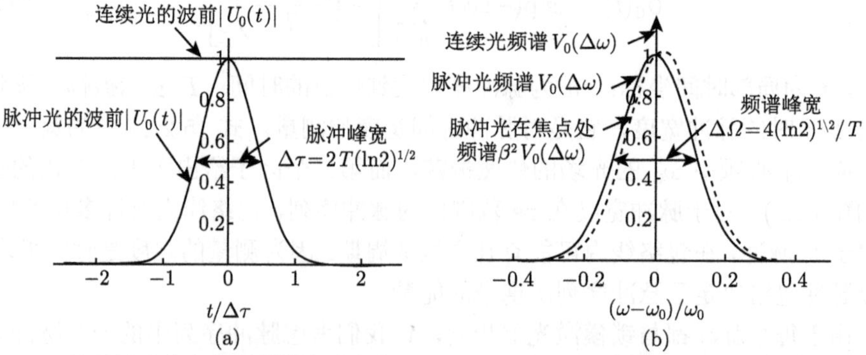

图 5.2.2 连续波光束和高斯形状脉冲光束 ($\Delta\tau$=10 fs) 的 (a) 时间和 (b) 光谱分布。(b) 中的虚线表示高斯型脉冲光束在透镜焦点处的光谱分布

在实际应用中，光场强度可以直接被探测到。因此，脉冲宽度有时由其强度形状定义，即式 (5.2.1) 模的平方。如果 $\Delta\tau'$ 表示强度形状的半峰全宽，对于一个高斯脉冲，$\Delta\tau'$ 和 $\Delta\tau$ 满足以下关系：

$$\Delta\tau' = \frac{\sqrt{2}}{2}\Delta\tau \approx 0.707\Delta\tau \tag{5.2.5}$$

在实际应用中，大多数超短脉冲激光束是一种变换受限的脉冲束 [5.2]，在这种情况下，脉冲的时间形状是一个双曲正割函数 (sech function)，定义为

$$U_0(t) = \exp(-\mathrm{i}\omega_0 t)\mathrm{sech}\left(\frac{t}{T}\right) \tag{5.2.6}$$

上式即所谓的光孤子 [5.1]。在这种情况下，$\Delta\tau'$ 和 $\Delta\tau$ 的关系为

$$\Delta\tau' = \frac{\mathrm{arcsech}\ (\sqrt{2}/2)}{\mathrm{arcsech}\ (1/2)}\Delta\tau \approx 0.669\Delta\tau \tag{5.2.7}$$

将式 (5.2.5) 和式 (5.2.7) 进行比较，可以发现两种情况的差别并不是很大。因此，为了计算方便，我们将在下面的讨论中使用高斯型脉冲。

5.3 脉冲光束照射下的衍射

在讨论脉冲光束照射下透镜的衍射之前，让我们先了解超短脉冲照明如何通过 2.5 节中描述的光阑和不透明盘改变衍射模式。

5.3.1 圆孔

为了研究超短脉冲光束的影响，我们首先考虑脉冲光束光谱中一个频率为 ω 的分量。由该分量引起的圆孔衍射图样，式 (2.5.7) 可改写为

$$\begin{aligned} U_2(\rho_2, z, \omega) = {} & 2N\exp(-\mathrm{i}kz)\exp(-\mathrm{i}N\rho_2^2) \\ & \times \int_0^1 U_1(\rho_1, \omega)\mathrm{J}_0(2N\rho_1\rho_2)\exp(-\mathrm{i}N\rho_1^2)\rho_1\mathrm{d}\rho_1 \end{aligned} \tag{5.3.1}$$

其中，ω 作为变量；N 是公式 (2.4.6) 中定义的菲涅耳数，该式表明 N 是频率 ω 的函数。为了研究脉冲频谱的影响，可以将 N 改写为

$$N = \frac{a^2\omega_0}{2zc}\frac{\omega}{\omega_0} = N_0\frac{\omega}{\omega_0} \tag{5.3.2}$$

其中，

$$N_0 = \frac{\pi a^2}{\lambda_0 z} \tag{5.3.3}$$

是中心频率 ω_0 对应的菲涅耳系数。

超短脉冲光束的总衍射场 $U_2(\rho_2, z, \omega)$ 是式 (5.3.1) 乘以与 ω 有关的频率分布 $V_0(\Delta\omega)$。所对应的瞬时强度为 $U_2(\rho_2, z, t)$ 模量的平方，从而得到实际可测量的时均强度为

$$I_2(\rho_2, z) = C\int_{-\infty}^{\infty} |V_0(\Delta\omega)U_2(\rho_2, z, \omega)|^2 \, \mathrm{d}\omega \tag{5.3.4}$$

其中，C 为归一化系数。C 值的获得基于假设衍射孔上轴上光强为 1 以及横切面上能量守恒的实际情况。式 (5.3.4) 也表明，采用宽频带连续波照明也可以获得同样的效果。对于连续波照明，$V_0(\Delta\omega) = \delta(\Delta\omega)$ 和 $N = N_0$，由式 (5.3.4) 得到 2.5.1 节讨论的结果。

现在从式 (5.3.1) ~ 式 (5.3.4) 中可以清楚地看到，对于观测平面的给定位置，一个脉冲内不同频率分量的菲涅耳系数 N 是不同的。因此，总衍射图样是各组分的菲涅耳系数的总和。由此可见，超短脉冲光束照射下的衍射图样与连续波照射下的衍射图样是不同的。

对于被高斯型脉冲照射的圆孔，式 (5.3.4) 可改写为

$$\begin{aligned} I_2(\rho_2, z) = C\int_0^{\infty} \frac{N^2}{N_0} \exp\left[-\frac{T^2\omega_0^2}{2}\left(\frac{N}{N_0} - 1\right)^2\right] \\ \times \left|\int_0^{\infty} \mathrm{J}_0(2N\rho_1\rho_2)\exp(-\mathrm{i}N\rho_1^2)\rho_1 \mathrm{d}\rho_1\right|^2 \mathrm{d}N \end{aligned} \tag{5.3.5}$$

沿光轴的强度分布可以表示为

$$I(N_0) = C\int_0^{\infty} \frac{1}{N_0} \exp\left[-\frac{T^2\omega_0^2}{2}\left(\frac{N}{N_0} - 1\right)^2\right] \sin^2(N/2)\mathrm{d}N \tag{5.3.6}$$

上式可以用解析式表示为

$$I(N_0) = 2\left[1 - \exp\left(-\frac{N_0^2}{2T^2\omega_0^2}\right)\cos N_0\right] \tag{5.3.7}$$

从式 (5.3.7) 可以看出，当使用长脉冲时，即当 T 较大时，式 (5.3.7) 简化为式 (2.5.9)。对式 (5.3.7) 和式 (2.5.9) 进行比较，光阑被超短脉冲光束照射，当

N_0 较大时会发生显著变化，例如距离较短时，这一特征可以由式 (5.3.2) 解释；脉冲光束的谱宽 $\Delta\Omega$(FWHM) 对应于菲涅耳系数的分布：

$$\Delta N = N_0 \frac{\Delta\Omega}{\omega_0} \tag{5.3.8}$$

由此得出，对于给定的谱宽，观测面距离越小，菲涅耳系数的扩展越大。

为了理解超短脉冲光束对菲涅耳衍射图样的影响，我们考虑了一个时间宽度为 10 fs 的脉冲。对于一个 10 fs 的脉冲，当 $\lambda_0 = 1\ \mu\text{m}$ 时，$\Delta\Omega/\omega_0$ 约为 0.294，因此，当 N_0 大于 3 时，ΔN 大于 1，对强度分布有明显影响，如图 5.3.1 所示。当 $N_0 > 35$ 时，轴上的衍射强度几乎保持为一个大小是轴上入射强度两倍的常数，近似对应 $\Delta N > 10$ [5.4]。这个特征意味着在这个区域总是能看到一个亮点。图 5.3.1 为水平面上沿 z 轴的强度分布 ($Z = 1/N_0$)。如图 5.3.1 所示，与连续波照明 (图 2.5.1) 相比，Z 较小时，区域沿径向的强度均匀得多，轴上的光线较亮。

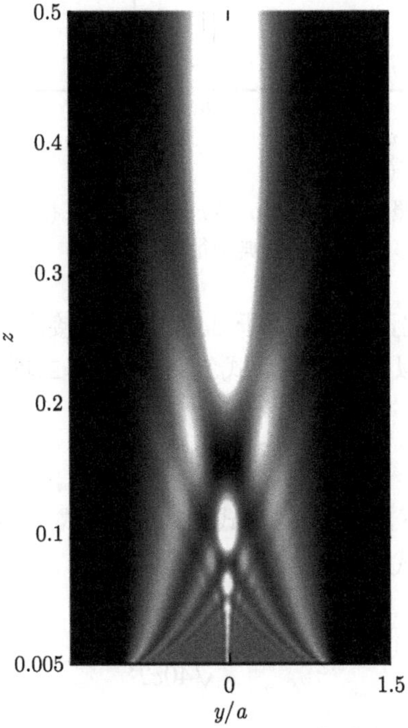

图 5.3.1 超短脉冲光束照射 ($\Delta\tau$=10 fs) 下，轴面圆孔菲涅耳衍射图样的强度分布

对于 $N_0 = 100$，对应于 $\Delta N \approx 29$ 的值，衍射强度的分布如图 5.3.2(a) 所示。脉冲光束对靠近光阑边缘和靠近光阑中心的菲涅耳衍射图样的影响是不同的；与

图 2.5.2(a) 相比，靠近边缘的区域变化不大，但中心区域变化明显。在一定的区域内，如 $\rho_2 < 0.5$，菲涅耳条纹几乎被冲刷掉，形成由式 (5.3.7) 所描述的中心亮点外的均匀强度的圆形带。此外，图 2.5.2(a) 中出现的强度微弱调制几乎消失。所有这些特征都可以用一个事实来解释，即脉冲光束频谱宽度有限，而菲涅耳系数是与频率有关的。图 2.5.2(a) 中同心条纹的位置由菲涅耳系数决定。因此，不同的频率分量代表不同的有效菲涅耳系数。在式 (5.3.5) 中对 N 进行叠加可以平滑强度的轮廓，使强度在横切面上均匀分布。当观察点 y/a 接近 1 时，即接近边缘的孔径，孔径和观测点之间的路径差异可能大于脉冲激光束的长度，所以部分孔的边缘附近发生明显变化。一般来说，均匀强度图的出现，可以用脉冲照明在脉冲频谱内产生不同频率分量的干涉这一事实来解释。

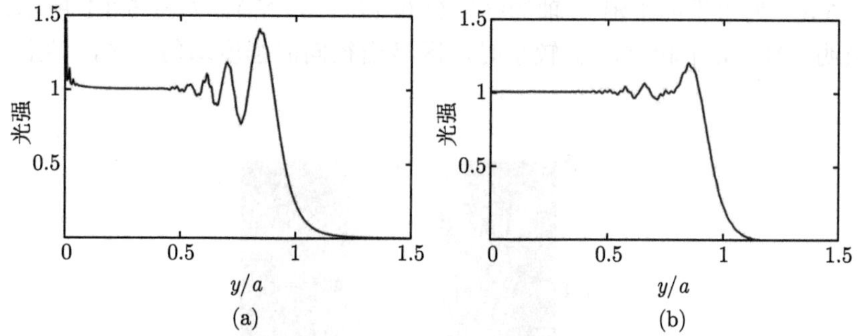

图 5.3.2　在超短脉冲光束照射 (N_0=100，$\Delta\tau$=10 fs) 下，(a) 圆形和 (b) 锯齿状光阑沿径向的典型衍射图样

由图 5.3.1 可以看出，当 N_0 大于 35 时，强度接近一个常数，与式 (5.3.7) 相符。当指数中的参数近似大于 5 时，式 (5.3.7) 的第二项几乎接近于零。在这种情况下，我们有

$$N_0^2 > 10(\omega_0 T)^2 \tag{5.3.9}$$

在图 5.3.1 的计算条件下，$N_0 > 35$。式 (5.3.9) 和式 (5.3.3) 可以作为估算脉冲光照下强度均匀分布的公式，可以被明确表示为

$$z < \frac{a^2}{\sqrt{40}cT} \tag{5.3.10}$$

其中，c 是真空中的光速。由式 (5.3.8) 和 $T \approx \pi/\Delta\Omega$，将式 (5.3.9) 改写为

$$\Delta N > 3\pi \tag{5.3.11}$$

而当 $\Delta N > \pi$ 时，在连续波光照射下，与圆孔相比衍射图样有明显的变化。

5.3.2 圆屏

在一个被超短脉冲光束照射的圆屏的情况下，式 (2.5.11) ~ 式 (2.5.13) 应理解为 ω 的函数 [5.5]。超短脉冲光束的总衍射场 $U_2(\rho_2, z, \omega)$ 等于式 (2.5.13) 乘以 ω 的函数 $V_0(\Delta\omega)$，即各频率分量的相干叠加。对应的瞬时强度为 $U_2(\rho_2, z, \omega)$ 的模量的平方，从而给出高斯型脉冲的时均强度为

$$I_2(\rho_2, z) = C\int_0^{\infty} \frac{1}{N_0} \exp\left[-\frac{T^2\omega_0^2}{2}\left(\frac{N}{N_0}-1\right)^2\right] \times \left|\left[1 - \mathrm{i}2N\exp(-\mathrm{i}N\rho_2^2)\int_0^{\infty} \mathrm{J}_0(2N\rho_1\rho_2)\exp(-\mathrm{i}N\rho_1^2)\rho_1\mathrm{d}\rho_1\right]\right|^2 \mathrm{d}N \tag{5.3.12}$$

这里，C 又是一个归一化系数，由轴上的常数值决定。图 5.3.3 描述了在 $\Delta\tau$=10 fs 和 $\lambda_0 = 1\ \mu\mathrm{m}$ 的超短脉冲光束照射下，不同距离下轴面上的强度分布的衍射图样。

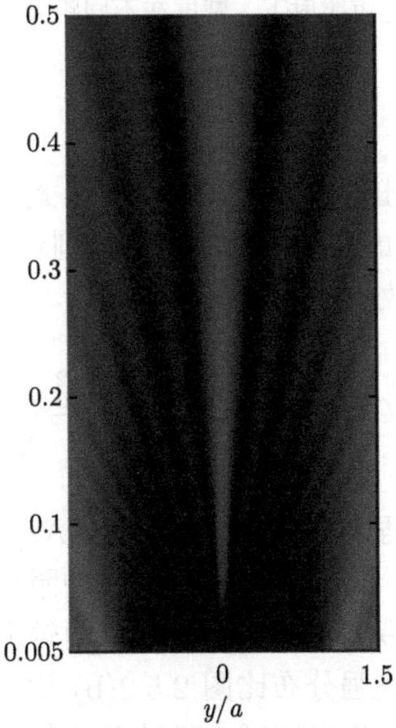

图 5.3.3 超短脉冲光束照射下，轴面圆屏菲涅耳衍射图样的强度分布 ($\Delta\tau$=10 fs)

正如预期的那样，强度分布在 Z 轴上给出一个恒定值 ($Z = 1/N_0$)，中心用一条明亮的线表示 (图 5.3.3)。当用超短脉冲光束照射圆屏时，在连续波照明下观察到的亮条纹和暗条纹的调制在减弱 (图 2.5.4)。远离阴影的区域存在均匀的强

度分布 (见图 5.3.4 中的实心曲线)。这是由超短脉冲光束对应于不同菲涅耳系数的频率分量组成的，从而产生不同尺寸的菲涅耳衍射图样。这些菲涅耳衍射图样的叠加趋向于平滑光强分布。当 Z 很小时，对应于较大的菲涅耳系数 N_0，脉冲光束的影响变得显著。事实上，当 $N_0 > 35$ 时会发生显著变化，这与 5.3.1 节中讨论的结果一致。在远场区域，例如，对于图 5.3.4，当 $N_0 = 4$ 时，连续光和脉冲光的衍射图样差别可以忽略不计。

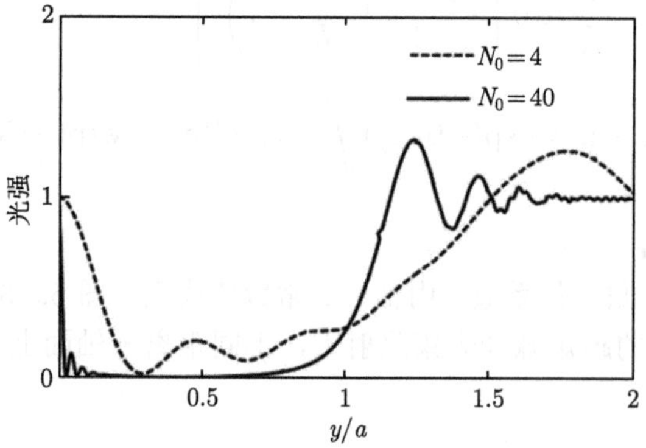

图 5.3.4　超短脉冲光束照射下，圆屏在不同距离上的衍射图样 ($\Delta\tau$=10fs)

5.3.3　锯齿孔

对于由式 (2.5.15) 给出的锯齿孔径表达式，式 (2.5.16) 可写为超短脉冲照明下频率 ω 的函数。如果考虑高斯型脉冲光束，则将式 (2.5.16) 代入式 (5.3.4) 中，可以表示出距衍射平面 z 处的光强分布：

$$I_2(\rho_2, \varphi_2, z_2) = C\int_0^{\infty} \frac{N_2}{N} \exp\left[-\frac{T_2 w_0^2}{2}\left(\frac{N}{N_0} - 1\right)^2\right] \tag{5.3.13}$$

图 5.3.5 为光强是菲涅耳系数 $N_0(Z = 1/N_0)$ 的函数分布。与图 2.5.6 相比，对于连续波照明情况，可以发现当使用脉冲照明时，强度调制变小。特别是在 $N_0 > 35$ 的区域，强度保持为常数 1，这表明轴上没有亮点。

如图 5.3.2(b) 所示，光强分布比图 2.5.2(b) 均匀得多，靠近光圈边缘的条纹幅度要小得多。除了利用锯齿光阑减少干涉条纹外，脉冲照明还可以进一步减少干涉条纹。强度在径向方向分布相当均匀，当 Z 很小时，中心是没有亮斑的。将图 5.3.2(b) 与连续波照明下的锯齿光阑 (图 2.6.2(b)) 进行比较，我们可以得出结论：脉冲照明降低了构造性干涉效应，因此显著抑制了菲涅耳衍射图样的条纹，从而使光束的前端更加均匀。

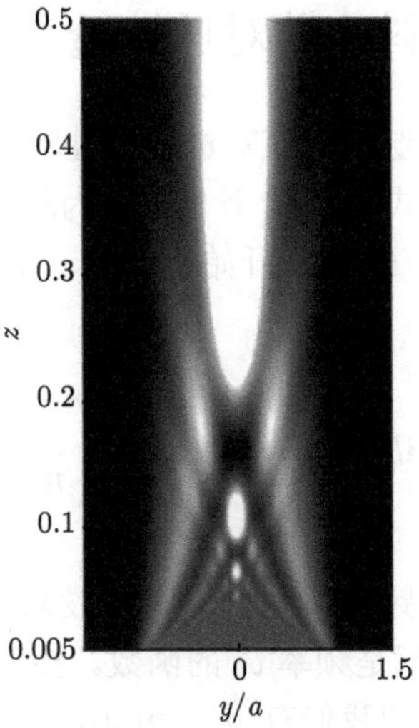

图 5.3.5 在超短脉冲光束照射下，轴面上锯齿形菲涅耳衍射图样的强度分布 ($\Delta\tau$=10 fs)

对比图 5.3.5 和图 5.3.1，对于脉冲照明的圆孔，我们发现在锯齿孔的情况下，轴上强度 ($\rho_2 = 0$) 在单位 1 附近变化，而在圆孔的情况下，其在两个常数附近变化 [5.4]。在锯齿光圈的情况下，这一特性导致光束中心没有亮点。此外，在径向上，锯齿光阑产生的菲涅耳条纹幅度较小，以提供一个更均匀的光束。利用脉冲光束照明的锯齿形光阑可以进一步减小结构干涉效应。

从图 2.5.1，图 2.5.6，图 5.3.1 和图 5.3.5 我们可以发现，在远场区域，四种情况之间没有差异，当观测平面的距离不大时发生显著变化。在远场区，菲涅耳系数和 ΔN 都很小，对 N 的叠加不强。因此，超短脉冲光照可能不会导致衍射图案的显著变化。这一结论与先前对透镜焦距区脉冲光束衍射场的研究 (见 5.5 节) 一致，后者对应于圆孔的远场衍射图。另外，在远场区域，来自锯齿光阑边缘的点所产生的波包干涉仍然很强，因此衍射条纹很明显 (图 2.5.6 和图 5.3.5)。

为了获得本节所示图形的实际意义，我们考虑两个孔。在波长为 0.633 μm 的照明下，第一孔径的平均半径为 3 mm，这可能与光学显微镜中的情况相对应。与大于 20(或 Z 小于 0.05) 的菲涅耳系数相对应的实际距离 Z 小于 2.2 m。根据图2.5.6，图 5.3.1 和图 5.3.5，当使用脉冲光束或锯齿光阑，或两者同时使用时，该区域的菲涅耳衍射可能发生明显变化。因此，如果光学系统在这个距离范围内工作，实验结果可能会受到超短脉冲光束或锯齿光阑的影响。

第二个例子是由波长为 1 μm 的光束照射的半径为 50 mm 的光阑。在这种情况下，当菲涅耳衍射图样明显受到超短脉冲光束或锯齿光阑的影响时，其范围大约扩展到 390 m。换句话说，在高功率激光系统中，例如在激光熔合，利用锯齿光阑的光学系统可以在这个区域获得均匀的强度分布。

5.4　材料色散对透镜透过率的影响

现在让我们来研究超短脉冲光束对透镜透过率的影响。当脉冲光束通过薄透镜时，透镜的透过率不能用式 (3.1.9) 计算，因为脉冲光束包含许多频率成分。为了解决这个问题，我们从式 (3.1.6) 开始，可以写出一个频率分量为 ω 的透镜透过率表达式：

$$t(x,y,\omega)=P(x,y)\exp(-\mathrm{i}k\,\widetilde{n}\,\bar{D}_0\,/n)\exp\left[\mathrm{i}k\left(\frac{\widetilde{n}}{n}-1\right)\frac{x^2+y^2}{2}\left(\frac{1}{R_1}-\frac{1}{R_2}\right)\right] \tag{5.4.1}$$

这里透过率被明确地表示为频率 ω 的函数。一般来说，由于材料色散，透镜及其浸没材料 $\widetilde{n}$ 和 n 的折射率都是频率 ω 的函数。然而，在本章余下的讨论中，我们只考虑透镜的材料色散，即我们有 $\widetilde{n}=\widetilde{n}(\omega)$，真空中的波数 k 也与频率有关，即 $k=k(\omega)=\omega/c$，其中 c 是真空中的光速。为了使推导更清楚，我们使用 $\widetilde{n}_0$ 和 k_0 来表示中心频率 ω_0 处的 $\widetilde{n}$ 和 k 的值。

虽然折射率 $\widetilde{n}$ 与频率 ω 的依赖关系由所用透镜的材料结构决定，但透镜折射率与频率的一般依赖关系 $\widetilde{n}=\widetilde{n}(\omega)$，可在中心频率 ω_0 附近展开：

$$\widetilde{n}(\omega)=\widetilde{n}(\omega_0)+\Delta\omega\left.\frac{\mathrm{d}\widetilde{n}}{\mathrm{d}\omega}\right|_{\omega=\omega_0}+\frac{1}{2}(\Delta\omega)^2\left.\frac{\mathrm{d}^2\widetilde{n}}{\mathrm{d}\omega^2}\right|_{\omega=\omega_0}+\cdots \tag{5.4.2}$$

这个表达式中 $\widetilde{n}$ 的一阶和二阶导数可以在玻璃材料的标准手册中找到。

令

$$\begin{cases}\widetilde{a}_1=\dfrac{1}{\omega_0}+\dfrac{1}{\widetilde{n}_0}\left.\dfrac{\mathrm{d}\widetilde{n}}{\mathrm{d}\omega}\right|_{\omega=\omega_0}\\[2ex]\widetilde{a}_2=\dfrac{1}{\widetilde{n}_0\omega_0}\left.\dfrac{\mathrm{d}\widetilde{n}}{\mathrm{d}\omega}\right|_{\omega=\omega_0}+\dfrac{1}{2\widetilde{n}_0}\left.\dfrac{\mathrm{d}^2\widetilde{n}}{\mathrm{d}\omega^2}\right|_{\omega=\omega_0}\end{cases} \tag{5.4.3}$$

如果只保留 $\Delta\omega$ 中二阶的条件，式 (5.4.2) 乘以 k 得到

$$k\widetilde{n}=k_0\widetilde{n}_0\left[1+\widetilde{a}_1\Delta\omega+\widetilde{a}_2(\Delta\omega)^2\right] \tag{5.4.4}$$

实际上，这种假设适用于大多数透镜材料。

以类似的方式，可以导出一个近似 $k(\widetilde{n}/n-1)$ 的表达式：

$$k\left(\frac{\widetilde{n}}{n}-1\right)=k_0\left(\frac{\widetilde{n}_0}{n}-1\right)\left[1+\widetilde{b}_1\Delta\omega+\widetilde{b}_2\left(\Delta\omega\right)^2\right] \tag{5.4.5}$$

其中，

$$\begin{cases} \widetilde{b}_1 = \dfrac{1}{\omega_0} + \dfrac{1}{\left(\dfrac{\widetilde{n}_0}{n} - 1\right)} \left.\dfrac{\mathrm{d}\widetilde{n}}{\mathrm{d}\omega}\right|_{\omega=\omega_0} \\ \widetilde{b}_2 = \dfrac{1}{\left(\dfrac{\widetilde{n}_0}{n} - 1\right)\omega_0} \left.\dfrac{\mathrm{d}\widetilde{n}}{\mathrm{d}\omega}\right|_{\omega=\omega_0} + \dfrac{1}{2\left(\dfrac{\widetilde{n}_0}{n} - 1\right)} \left.\dfrac{\mathrm{d}^2\widetilde{n}}{\mathrm{d}\omega^2}\right|_{\omega=\omega_0} \end{cases} \tag{5.4.6}$$

如果 $n = 1$，式 (5.4.3) 和式 (5.4.6) 减少到透镜处于真空状态时的情况 [5.6,5.7]。将式 (5.4.3)~ 式 (5.4.6) 代入式 (5.4.1) 在频率 ω 的脉冲照明下产生薄透镜的透过率：

$$\begin{aligned} t(x,y,\omega) = {} & P(x,y)\exp\left[-\mathrm{i}k_0\Delta\omega\widetilde{n}_0\bar{D}_0(\widetilde{a}_1 + \widetilde{a}_2\Delta\omega)/n\right] \\ & \times \exp\left\{\mathrm{i}\frac{k_0}{2f_0}\left[1 + \widetilde{b}_1\Delta\omega + \widetilde{b}_2(\Delta\omega)^2\right](x^2+y^2)\right\} \end{aligned} \tag{5.4.7}$$

其中，我们忽略了恒定相位项 $\exp(\mathrm{i}k_0\widetilde{n}_0\bar{D}_0/n)$，$f$ 是中心频率 ω_0 的焦距：

$$\frac{1}{f_0} = \left(\frac{\widetilde{n}_0}{n} - 1\right)\left(\frac{1}{R_1} - \frac{1}{R_2}\right) \tag{5.4.8}$$

如果脉冲宽度 $\Delta\tau$ 相当大 (相当于使用连续光束)，则光谱宽度 $\Delta\omega$ 接近于零，因此式 (5.4.7) 化简为式 (3.1.9)。

我们可以将式 (5.4.7) 整理为

$$t(x,y,\omega) = P'(x,y)\exp\left(\mathrm{i}\frac{k}{2f_0}(x^2+y^2)\right) \tag{5.4.9}$$

其中，$P'(x,y)$ 是脉冲照明下透镜的有效光瞳函数，表示为一个复函数：

$$\begin{aligned} P'(x,y) = {} & P(x,y)\exp[-\mathrm{i}k_0\Delta\omega\widetilde{n}_0\bar{D}_0(\widetilde{a}_1 + \widetilde{a}_2\Delta\omega)/n] \\ & \times \exp\left\{\mathrm{i}\frac{k_0}{2f_0}\left[\frac{1}{\left(\dfrac{\widetilde{n}_0}{n} - 1\right)} \left.\frac{\mathrm{d}\widetilde{n}}{\mathrm{d}\omega}\right|_{\omega=\omega_0}\Delta\omega + \widetilde{b}_2(\Delta\omega)^2\right](x^2+y^2)\right\} \end{aligned} \tag{5.4.10}$$

5.5 薄透镜的点扩散函数

由于式 (5.4.7) 给出了超短脉冲光束中特定频率 ω 的透镜透过率，所以可以使用 3.3 节和 3.4 节中介绍的方法并使用式 (5.4.7) 导出超短脉冲照明下薄透镜的三维点扩散函数。

5.5.1　色差效应

图 3.3.1 中给出的单透镜成像系统，对于给定超短脉冲光束中的频率分量 ω，厚物体的成像光场分布可表示为

$$\begin{aligned}&U_3(x_3,y_3,z_3,\Delta\omega)\\&=V_0(\Delta\omega)\exp\left[-\mathrm{i}k(d_{10}+d_{20})\right]\exp(-\mathrm{i}kz_3)\\&\quad\times\exp\left[-\frac{\mathrm{i}kM}{2d_{10}}(x_3^2+y_3^2)(1+M)\right]\iiint_{-\infty}^{\infty}o(x_1,y_1,z_1)\exp(\mathrm{i}kz_1)\\&\quad\times h(x_1+Mx_3,y_1+My_3,z_1-M^2z_3,\Delta\omega)\mathrm{d}x_1\mathrm{d}y_1\mathrm{d}z_1\end{aligned}\tag{5.5.1}$$

这是公式 (3.4.10) 的另一种形式，明确地包含了频率依赖性。这里 d_{10} 和 d_{20} 满足中心频率 ω 的透镜定律：

$$\frac{1}{f_0}=\frac{1}{d_{10}}+\frac{1}{d_{20}}\tag{5.5.2}$$

函数 $h(x,y,z,\Delta\omega)$ 是薄透镜的频率为 ω、具有三维空间不变性的振幅点扩散函数，如果式 (3.4.9) 中透镜的光瞳函数 $P(x,y)$ 替换为式 (5.4.10) 中的有效瞳孔函数，则

$$\begin{aligned}h(x,y,z,\Delta\omega)=&\frac{M}{d_1^2\lambda^2}\iint_{-\infty}^{\infty}P(x_2,y_2)\exp[-\mathrm{i}k_0\Delta\omega\widetilde{n}_0\bar{D}_0(a_1+a_2\Delta\omega)/n]\\&\times\exp\left[\frac{\mathrm{i}k_0(x_2^2+y_2^2)}{2f_0}\Delta\omega\left(\frac{1}{\left(\dfrac{\widetilde{n}_0}{n}-1\right)}\left.\frac{\mathrm{d}\widetilde{n}}{\mathrm{d}\omega}\right|_{\omega=\omega_0}+\widetilde{b}_2\Delta\omega\right)\right]\\&\times\exp\left[-\frac{\mathrm{i}k}{2}\left(\frac{1}{d_{10}}\right)^2z(x_2^2+y_2^2)\right]\exp\left[\frac{\mathrm{i}k}{d_{10}}(x_2x+y_2y)\right]\mathrm{d}x_2\mathrm{d}y_2\end{aligned}\tag{5.5.3}$$

应注意，$k_0=2\pi/\lambda_0$，其中 λ_0 对应于中心频率 ω_0，是透镜浸没介质中的波长。对于半径为 a 的圆透镜，可以使用 3.4 节中的方法导出单个点的图像，如

$$\begin{aligned}&U_3(v,u,\Delta\omega)\\&=\frac{M\omega_0^2V_0(\Delta\omega)}{2\pi d_1^2c^2}\left(1+\frac{\Delta\omega}{\omega_0}\right)^2\exp\left[-\mathrm{i}k_0\left(1+\frac{\Delta\omega}{\omega_0}\right)\left(d_{10}+d_{20}+\frac{d_{20}^2u}{k_0a^2}\right)\right]\\&\quad\times\exp\left[-\frac{\mathrm{i}v^2}{4N_0}\left(1+\frac{\Delta\omega}{\omega_0}\right)(1+M)\right]\int_0^1P(\rho)\mathrm{J}_0\left[\rho v\left(1+\frac{\Delta\omega}{\omega_0}\right)\right]\end{aligned}$$

$$\times \exp\left[\mathrm{i}\frac{\rho^2 u}{2}\left(1+\frac{\Delta\omega}{\omega_0}\right)\right]\exp\left[-\mathrm{i}(\Delta\omega)^2(\delta'-\delta\rho^2)\right]$$
$$\times \exp\left[-\mathrm{i}\Delta\omega(\tau'-\tau\rho^2)\right]\rho d\rho \tag{5.5.4}$$

其中，$P(\rho)$ 是由 a 归一化的透镜的径向坐标光瞳函数，J_0 是零阶第一类贝塞尔函数。M 的含义与式 (3.3.7) 相同，但现在 d_{10} 和 d_{20} 是在中心频率 ω_0 处定义的。N_0 是中心频率处的菲涅耳系数，定义为

$$N_0=\frac{\pi a^2}{\lambda_0 d_{20}} \tag{5.5.5}$$

径向和轴向光学坐标 v 和 u 定义为

$$\begin{cases} v=\dfrac{k_0 r_3 a}{d_{20}}\approx k_0 r_3\sin\alpha_i \\[2ex] u=\dfrac{k_0 z_3 a^2}{d_{20}^2}\approx k_0 z_3\sin^2\dfrac{\alpha_i}{2} \end{cases} \tag{5.5.6}$$

这里的 $\sin\alpha_i$ 和式 (3.4.14) 中的一样。其他参数的定义如下：

$$\begin{cases} \tau=\dfrac{a^2 k_0}{2f_0\left(\dfrac{\widetilde{n}_0}{n}-1\right)}\left.\dfrac{\mathrm{d}\widetilde{n}}{\mathrm{d}\omega}\right|_{\omega=\omega_0} \\[4ex] \tau'=k_0\widetilde{n}_0\bar{D}_0 a_1/n=k_0\bar{D}_0\left(\dfrac{\widetilde{n}_0}{\omega_0}+\left.\dfrac{\mathrm{d}\widetilde{n}}{\mathrm{d}\omega}\right|_{\omega=\omega 0}\right) \end{cases} \tag{5.5.7}$$

$$\begin{cases} \delta=\dfrac{a^2 k_0}{2f_0}\widetilde{b}_2=\dfrac{a^2 k_0}{2f_0\left(\dfrac{\widetilde{n}_0}{n}-1\right)}\left(\dfrac{1}{\omega_0}\left.\dfrac{\mathrm{d}\widetilde{n}}{\mathrm{d}\omega}\right|_{\omega=\omega_0}+\dfrac{1}{2}\left.\dfrac{\mathrm{d}^2\widetilde{n}}{\mathrm{d}\omega^2}\right|_{\omega=\omega_0}\right) \\[4ex] \delta'=k_0\widetilde{n}_0\bar{D}_0 a_2/n=k_0\bar{D}_0\left(\dfrac{1}{\omega_0}\left.\dfrac{\mathrm{d}\widetilde{n}}{\mathrm{d}\omega}\right|_{\omega=\omega_0}+\dfrac{1}{2}\left.\dfrac{\mathrm{d}^2\widetilde{n}}{\mathrm{d}\omega^2}\right|_{\omega=\omega_0}\right)\Big/n \end{cases} \tag{5.5.8}$$

这些参数的影响如图 5.5.1 所示。τ 和 τ' 负责脉冲传播的时间延迟。在脉冲光束成像中，τ 比 τ' 起着更重要的作用，因为 τ 引起的延迟与半径有关 (图 5.5.1(a))，称为传输时差 (PTD)[5.6-5.8]。因子 δ 和 δ' 表示由透镜引起的群速度色散 (GVD)，导致频率啁啾 [5.6, 5.7]。前者产生的啁啾依赖于透镜孔径上的径向坐标 (图 5.5.1(b))，而后者是恒定啁啾。因此，δ'、τ'、δ 和 τ 由于其对频率的依赖性而产生单个透镜的色差。

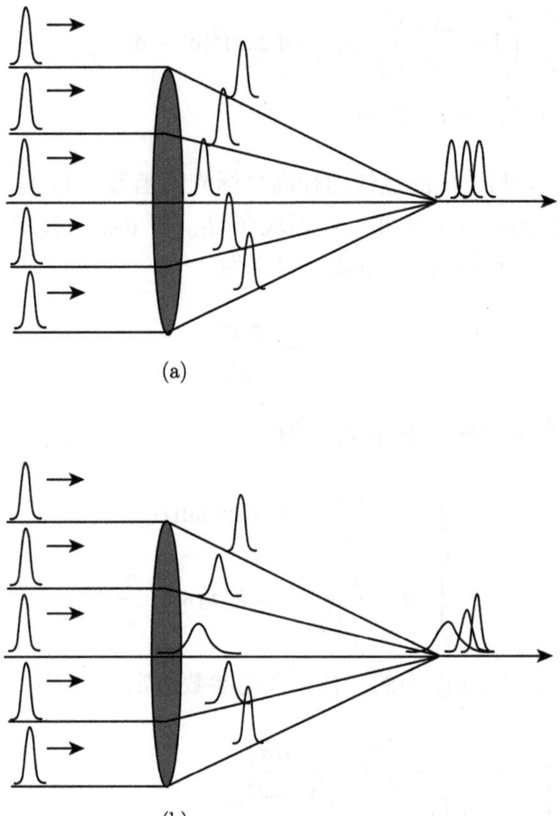

(a)　(b)

图 5.5.1　超短脉冲的薄透镜变换：(a) 有 PTD(τ) 但没有 GVD(δ)；(b) 有 PTD(τ) 和 GVD(δ)

由材料色差引起的所有这些相位项都可以表示为一般色差函数：

$$\Phi(\rho,\Delta\omega)=a_{00}+a_{10}\Delta\omega+a_{20}(\Delta\omega)^2+\cdots+a_{j0}(\Delta\omega)^j+\cdots$$
$$+a_{01}\rho^2+a_{11}\Delta\omega\rho^2+a_{21}(\Delta\omega)^2\rho^2+a_{02}\rho^4+a_{12}\Delta\omega\rho^4+\cdots \quad (5.5.9)$$

其中，$a_{10}=\tau'$ 为一阶色散；$a_{20}=\delta'$ 为二阶色散；$a_{01}=\beta u/2$ 为散焦；$a_{11}=-\tau$ 为初级色差；$a_{10}=-\delta$ 为二阶色差；a_{02} 为球差 (第 6 章)；a_{12} 为球面色差。

5.5.2 降低色度的方法

τ' 的影响可以忽略，因为它只影响一个恒定的时移，而当入射脉冲预调一定量啁啾时，δ' 也可以忽略。δ 和 τ 的影响可以通过使用图 5.5.2 所示的消色差双透镜来消除或减小。组成消色差透镜倍增透镜的两种材料具有不同的折射率 $\widetilde{n}_1$ 和 $\widetilde{n}_2$，它们给出了不同的色散关系。消除 δ 和 τ 的影响的条件 [5.7] 可以表示为

$$\left.\frac{\mathrm{d}}{\mathrm{d}\omega}\left(\frac{1}{f}\right)\right|_{\omega=\omega_0} = 0 \tag{5.5.10}$$

其中，f 被定义为

$$\frac{1}{f} = \left(\frac{\widetilde{n}}{n} - 1\right)\left(\frac{1}{R_1} - \frac{1}{R_2}\right) \tag{5.5.11}$$

因此，式 (5.5.10) 表示有效焦距不依赖于中心频率附近的频率。

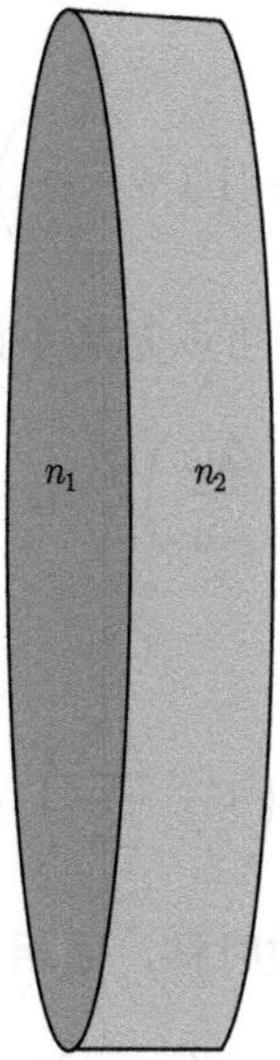

图 5.5.2 由两个不同材料的透镜组成的双透镜

因为 GVD 与 PTD 的比率是

$$\frac{\Delta\omega\delta\rho^2}{\tau\rho^2} < \frac{2\Delta\omega}{\omega_0} \tag{5.5.12}$$

即使 δ 和 τ 的影响不平衡，我们也可以忽略 p 脉冲束的 GVD。

另一种减小色差影响的方法是使用环形透镜。从图 5.5.1 可以看出，PTD 和 GVD 都与半径有关。因此，使用圆形不透明圆屏可以减小它们的影响。假设忽略 GVD 的影响，不透明圆屏的半径与 PTD 参数的关系为 [5.9]

$$\varepsilon = \sqrt{1 - \frac{T}{\tau}} \tag{5.5.13}$$

5.5.3 单点的时间相关图像

通过式 (5.5.4) 的傅里叶逆变换，可以获得点目标的总时变图像场：

$$U_3(v,u,t)=\int_{-\infty}^{\infty}U_3(v,u,\Delta\omega)\exp(-\mathrm{i}\Delta\omega t)\mathrm{d}\Delta\omega \tag{5.5.14}$$

焦点区域的时变光场强度是式 (5.5.14) 的模平方。

在给出式 (5.5.14) 的数值例子之前，让我们先讨论式 (5.5.4) 中先决因素的影响。式 (5.5.4) 包括使用脉冲光束时可能影响图像质量的其他两个频率相关的相位项。第一项是二次相位项：

$$\exp\left[-\frac{\mathrm{i}v^2}{4N_0}\left(1+\frac{\Delta\omega}{\omega_0}\right)(1+M)\right] \tag{5.5.15}$$

当菲涅耳系数 N_0 较大时，这一项可以忽略不计。第二个相位项是

$$\exp\left[-\mathrm{i}k_0\left(1+\frac{\Delta\omega}{\omega_0}\right)\left(d_{10}+d_{20}+\frac{d_{20}^2u}{k_0a^2}\right)\right] \tag{5.5.16}$$

其中，相位因子表示为

$$\exp\left[-\mathrm{i}k_0\left(1+\frac{\Delta\omega}{\omega_0}\right)(d_{10}+d_{20})\right] \tag{5.5.17}$$

它只会引起随时间变化图像的常数时移，而相位因子

$$\exp\left[-\mathrm{i}k_0\left(1+\frac{\Delta\omega}{\omega_0}\right)\frac{d_{20}^2u}{k_0a^2}\right] \tag{5.5.18}$$

给出了与离焦距离 u 相关的相位。可以看出，式 (5.5.18) 在脉冲光束的时间分辨成像中起着重要作用。

式 (5.5.14) 的振幅也受

$$\frac{M\omega_0^2\left(1+\dfrac{\Delta\omega}{\omega_0}\right)^2 V_0(\Delta\omega)}{2\pi d_1^2c^2} \tag{5.5.19}$$

影响。这又是由脉冲激光束的光谱宽度决定的。这个因子决定了给定频率分量 ω 的三维振幅点扩展函数的相对大小，导致透镜焦点处的频谱不对称。图 5.2.2(b) 中的虚线曲线显示了不对称频谱的一个例子。不对称频谱在高频时的贡献可能比在低频时更强。

式 (5.5.18) 和式 (5.5.19) 源于光通过透镜的衍射。换言之，即使对于双透镜的消色差透镜，在这种情况下，δ 和 τ 等于零，式 (5.5.18) 和式 (5.5.19) 引起的影响也会发生。

最后，单点的频率相关图像振幅可以降低到

$$\begin{aligned}
&U_3(v,u,\Delta\omega)\\
&=\frac{M\omega_0^2V_0(\Delta\omega)}{2\pi d_1^2c^2}\left(1+\frac{\Delta\omega}{\omega_0}\right)^2\exp\left[-\mathrm{i}k_0\left(1+\frac{\Delta\omega}{\omega_0}\right)\left(\frac{d_{20}^2u}{k_0a^2}\right)\right]\\
&\quad\times\int_0^1P(\rho)\mathrm{J}_0\left[\rho v\left(1+\frac{\Delta\omega}{\omega_0}\right)\right]\exp\left[\mathrm{i}\frac{\rho^2u}{2}\left(1+\frac{\Delta\omega}{\omega_0}\right)\right]\\
&\quad\times\exp\left[-\mathrm{i}\left(\Delta\omega\right)^2\left(\delta'-\delta\rho^2\right)\right]\exp\left[-\mathrm{i}\Delta\omega(\tau'-\tau\rho^2)\right]\rho\mathrm{d}\rho
\end{aligned}\tag{5.5.20}$$

我们现在认为物镜是消色差的 (即没有材料色散)。在实际中，这个假设可能适用于校正良好的消色差物镜。我们进一步假设输入脉冲 $\Delta\tau=10$ fs 和 $\lambda_0=0.8$ μm。对于高斯形状的脉冲光束，可以用式 (5.5.14) 和式 (5.5.20) 计算焦点处振幅的时间形状 ($u=v=0$)。透镜前和焦点处的时间分布如图 5.5.3 所示，表明由于式 (5.5.19) 的影响，实际输入脉冲被转换为表示相位变化的复脉冲。

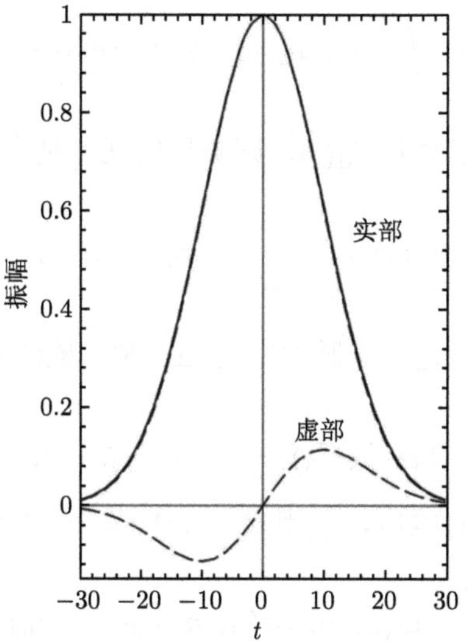

图 5.5.3 高斯型脉冲 ($\Delta\tau$=10 fs) 在透镜前 (实心曲线) 和焦平面 (虚线曲线) 的时间分布；时间标准化为 $1/\omega_0$

5.6 薄透镜的传递函数

由于超短脉冲光束由许多频率分量组成，所以透镜的三维传递函数的通带会发生改变。

5.6.1 相干传递函数

对于超短脉冲光束频谱内给定的频率分量，厚物体的成像振幅由式 (5.5.1) 给出。按照 4.2 节中使用的类似方法，式 (5.5.1) 可改写为

$$
\begin{aligned}
U_3(x_3, y_3, z_3, \Delta\omega) = {} & \exp(-\mathrm{i}kz_3) \iiint_{-\infty}^{\infty} O(m, n, s) c(m, n, s + 1/\lambda, \Delta\omega) \\
& \times \exp\left\{-2\pi\mathrm{i}\left[mMx_3 + nMy_3 - (s + 1/\lambda)M^2 z_3\right]\right\} \mathrm{d}m\mathrm{d}n\mathrm{d}s
\end{aligned} \tag{5.6.1}
$$

其中，三维频率相关 CTF 的形式如下：

$$
c(\boldsymbol{m}, \Delta\omega) = V_0(\Delta\omega) \int_{-\infty}^{\infty} h(\boldsymbol{r}, \Delta\omega) \exp(2\pi\mathrm{i}\boldsymbol{r} \cdot \boldsymbol{m}) \mathrm{d}\boldsymbol{r} \tag{5.6.2}
$$

图像随时间变化的振幅由下式给出：

$$
U_3(x_3, y_3, z_3, t) = \int_{-\infty}^{\infty} U_3(x_3, y_3, z_3, \Delta\omega) \exp(-\mathrm{i}\Delta\omega t) \mathrm{d}\Delta\omega \tag{5.6.3}
$$

如果探测器的响应时间函数是 $f_{\mathrm{d}}(t)$，则测量的强度是由下式给出的时间平均量：

$$
I_3(x_3, y_3, z_3) = \int_{-\infty}^{\infty} \left|U_3(x_3, y_3, z_3, t)\right|^2 f_{\mathrm{d}}(t) \mathrm{d}t \tag{5.6.4}
$$

当探测器的响应时间远小于脉冲宽度 $\Delta\tau$ 时，检测到的信号在时间上是可分辨的，由下式给出

$$
I_3(x_3, y_3, z_3) = \left|U_3(x_3, y_3, z_3, t_0)\right|^2 \tag{5.6.5}
$$

如果探测器仅在 $t = t_0$ 时响应，使用式 (5.6.1) ~ 式 (5.6.3) 代入式 (5.6.5) 得到

$$
\begin{aligned}
I_3(x_3, y_3, z_3, t_0) = {} & \left| \iiint_{-\infty}^{\infty} O(m, n, s) c(m, n, s + 1/\lambda, t_0) \right. \\
& \left. \times \exp\left\{-2\pi\mathrm{i}\left[mMx_3 + nMy_3 - (s + 1/\lambda)M^2 z_3\right]\right\} \mathrm{d}m\mathrm{d}n\mathrm{d}s \right|^2
\end{aligned} \tag{5.6.6}
$$

其中，超短脉冲光束照射下薄透镜的三维时间相关 CTF 表示为

$$c(\boldsymbol{m},t)=\int_{-\infty}^{\infty}c(\boldsymbol{m},\Delta\omega)\exp(-\mathrm{i}\Delta\omega t)\mathrm{d}\Delta\omega \tag{5.6.7}$$

我们以圆透镜为例。在这种情况下，由式 (5.5.3) 给出三维频率相关的振幅点扩展函数公式如下：

$$\begin{aligned}h(v,u,\Delta\omega)=&K\beta^2\exp\left\{-\mathrm{i}\left[\Delta\omega\tau'+(\Delta\omega)^2\delta'\right]\right\}\\&\times\int_0^1P(\rho)\mathrm{J}_0(\rho v\beta)\exp\left[\mathrm{i}\rho^2\left(-\frac{\beta u}{2}+w\right)\right]\rho\mathrm{d}\rho\end{aligned} \tag{5.6.8}$$

其中，K 是归一化常数，径向和轴向光学坐标 v 和 u 在对象空间中定义：

$$v=\frac{k_0ra}{d_{10}}\approx k_0r_3\sin\alpha_0 \tag{5.6.9}$$

$$u=\frac{k_0za^2}{d_{10}^2}\approx k_0z\sin^2\frac{\alpha_0}{2} \tag{5.6.10}$$

这里 $\sin\alpha_0$ 与式 (3.4.17) 相同。w 和 β 由下式给出：

$$w=\Delta\omega\tau+(\Delta\omega)^2\delta \tag{5.6.11}$$

$$\beta=1+\frac{\Delta\omega}{\omega_0} \tag{5.6.12}$$

将式 (5.6.8) 代入式 (5.6.2) 并考虑圆对称性 (附录 B)，得出圆透镜的三维频率相关的 CTF：

$$\begin{aligned}c(l,s,\Delta\omega)=&KV_0(\Delta\omega)\beta\exp\left\{-\mathrm{i}\left[\Delta\omega\tau'+(\Delta\omega)^2\delta'\right]\right\}P(l/\beta)\\&\times\exp\left(\frac{\mathrm{i}l^2w}{\beta^2}\right)\delta\left(s+\beta s_0-\frac{l^2}{2\beta}\right)\end{aligned} \tag{5.6.13}$$

其中，径向和轴向空间频率 l 和 s 已被超短脉冲光束的中心频率 (波长) 归一化：

$$\sin\alpha_0/\lambda_0 \tag{5.6.14}$$

$$4\sin^2(\alpha_0/2)/\lambda_0 \tag{5.6.15}$$

式 (5.6.13) 中的 s_0 表示空间频率空间中的轴向位移，由超短脉冲光束频谱中的中心频率决定。由式 (5.6.13) 可以看出由抛物面给出的圆透镜依赖于三维

频率的 CTF。显然，式 (5.6.13) 中的轴向空间频率与波长有关。以脉冲宽度为 $\Delta\tau = 10$ fs 和 $\lambda_0 = 0.8\ \mu\text{m}$ 的超短脉冲光束为例。在 $\omega_0 - \Delta\Omega/2$、$\omega_0$ 和 $\omega_0 + \Delta\Omega/2$ 处圆透镜的光谱相关 CTF 的相应空间频率通带如图 5.6.1 所示。因此，对于给定的超短脉冲光束，随时间变化的 CTF 的空间频率通带有效地增加，这可以提高成像分辨率，特别是在轴向上。

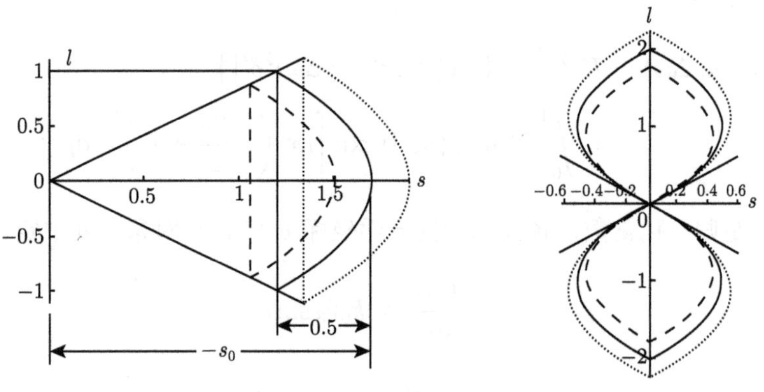

(a) CTF　　　　　　　　　　　　(b) OTF

图 5.6.1　ω_0 处圆透镜三维频率相关 CTF 的通带 $\omega_0 - \Delta\Omega/2$(虚线)、$\omega_0$(实心曲线)、$\omega_0 + \Delta\Omega/2$(虚线)

式 (5.6.13) 表明，抛物面上的值不是真实的，这与第 3 章讨论的连续波照明情况不同。复 CTF 可以改变图像的振幅和相位。

在上面的讨论中，我们假设探测器的响应时间比脉冲宽度短得多。如果该条件不成立，则测得的强度为等式 (5.6.4) 中给出的多个脉冲的平均量。这种情况下的成像比公式 (5.6.6) 复杂得多。

将式 (5.6.3) 代入式 (5.6.4) 可得

$$
\begin{aligned}
I(x_x, y_3, z_3) = &\iint_{-\infty}^{\infty} O(m,n,s) O^*(m',n',s') C(m,n,s+1/\lambda; m',n',s'+1/\lambda) \\
&\times \exp\left\{-2\pi \mathrm{i}\left[(m-m')Mx_3 + (n-n')My_3 + (s-s')M^2 z_3\right]\right\} \\
&\times \mathrm{d}m\mathrm{d}n\mathrm{d}s\mathrm{d}m'\mathrm{d}n'\mathrm{d}s' \qquad (5.6.16)
\end{aligned}
$$

其中，

$$
C(m,n,s;m',n',s') = C(\boldsymbol{m},\boldsymbol{m}') = \int_{-\infty}^{\infty} c(\boldsymbol{m},t)c^*(\boldsymbol{m}',t)f_{\mathrm{d}}(t)\mathrm{d}t \qquad (5.6.17)
$$

很明显，式 (5.6.16) 中的成像不是完全相干的，而是部分相干。函数 $C(\boldsymbol{m},\boldsymbol{m}')$ 充当传递函数，称为传输交叉系数[5.8]。

5.6.2 光学传递函数

我们现在介绍非相干成像的情况。对于给定的超短脉冲光束，单个时间点的图像强度由式 (5.5.1) 关于 $\Delta\omega$ 的傅里叶变换的模平方给出：

$$h_i(\boldsymbol{r}_3,t)=\left|\int_{-\infty}^{\infty}V_0(\Delta\omega)h(\boldsymbol{M}_1\boldsymbol{r}_3,\Delta\omega)\exp(-\mathrm{i}\Delta\omega t)\mathrm{d}\Delta\omega\right|^2 \tag{5.6.18}$$

其中，M 由中心频率 ω_0 定义。由于空间非相干性质，任何三维非相干 (如荧光) 物体的图像强度都是物体中所有点强度的叠加，如 3.5 节所述：

$$I_3(\boldsymbol{r}_3,t)=\int_{-\infty}^{\infty}|o(\boldsymbol{r}_1)|^2h_i(\boldsymbol{r}_1+\boldsymbol{M}\boldsymbol{r}_3,t)\mathrm{d}\boldsymbol{r}_1 \tag{5.6.19}$$

这个表达式给出了当探测器的响应时间远小于脉冲持续时间时，在时间分辨成像模式下获得的测量强度。因此函数 $h_i(\boldsymbol{M}\boldsymbol{r}_3,t)$ 是本例中的三维有效强度点扩散函数。因此，可以引入三维时变 OTF，并由

$$C(\boldsymbol{m},t)=\int_{-\infty}^{\infty}h_i(\boldsymbol{r},t)\exp(2\pi\mathrm{i}\boldsymbol{r}\cdot\boldsymbol{m})\mathrm{d}\boldsymbol{r} \tag{5.6.20}$$

得到

$$I_3(\boldsymbol{r}_3,t)=\int_{-\infty}^{\infty}C(\boldsymbol{m},t)O_i(\boldsymbol{m})\exp(-2\pi\mathrm{i}\boldsymbol{M}\boldsymbol{r}_3\cdot\boldsymbol{m})\mathrm{d}\boldsymbol{m} \tag{5.6.21}$$

其中，$O(\boldsymbol{m})$ 是 $|o(r)|^2$ 的傅里叶逆变换，由式 (4.3.3) 给出。

将式 (5.6.6) 和式 (5.6.18) 代入式 (5.6.20)，可得

$$C(\boldsymbol{m},t)=c(\boldsymbol{m},t)\otimes_3 c*(-\boldsymbol{m},t) \tag{5.6.22}$$

这里，$c(\boldsymbol{m},t)$ 是透镜的三维时变 CTF。

另一种情况是探测器的响应时间比脉冲宽度长。测量的时间平均强度可以表示为

$$I_3(\boldsymbol{r}_3)=\int_{-\infty}^{\infty}|o(\boldsymbol{r}_1)|^2\left[\int_{-\infty}^{\infty}h_i(\boldsymbol{r}_1+\boldsymbol{M}\boldsymbol{r}_3,t)\mathrm{d}t\right]\mathrm{d}\boldsymbol{r}_1 \tag{5.6.23}$$

也可以写成

$$I_3(r_3)=\int_{-\infty}^{\infty}C(\boldsymbol{m})O_i(\boldsymbol{m})\exp(-2\pi\mathrm{i}\boldsymbol{M}\boldsymbol{r}_3\cdot\boldsymbol{m})\mathrm{d}\boldsymbol{m} \tag{5.6.24}$$

其中，

$$C(\boldsymbol{m})=\int_{-\infty}^{\infty}C(\boldsymbol{m},t)\mathrm{d}t \tag{5.6.25}$$

称为三维时间平均 OTF，可根据式 (5.6.20) 推导出

$$C(\boldsymbol{m})=\int_{-\infty}^{\infty}\left|V_0(\Delta\omega)\right|^2 C(\boldsymbol{m},\Delta\omega)\mathrm{d}\Delta\omega \tag{5.6.26}$$

这里，$C(\boldsymbol{m},\Delta\omega)$ 是物镜的三维频率相关 OTF，由下式给出：

$$C(\boldsymbol{m},\Delta\omega)=\int_{-\infty}^{\infty}\left|h(\boldsymbol{M}\boldsymbol{r},\Delta\omega)\right|^2\exp(2\pi\mathrm{i}\boldsymbol{r}\cdot\boldsymbol{m})\mathrm{d}\boldsymbol{r} \tag{5.6.27}$$

这意味着来自不同频率分量的三维 OTF 的叠加。这种性质是由时间平均过程破坏时间相干性这一事实所决定的。

对于圆透镜，我们有三维时间相关的 OTF：

$$C(l,s,t)=c(l,s,t)\otimes_3 c^*(l,-s,t) \tag{5.6.28}$$

其中，$c(l,s,t)$ 由式 (5.6.13) 对应 $\Delta\omega$ 傅里叶逆变换给出。环形透镜的三维时间平均 OTF 由下式给出

$$C(l,s,\Delta\omega)=\frac{2\beta^3\exp\left(\mathrm{i}\dfrac{2ws}{\beta}\right)}{l}$$
$$\begin{cases}\mathrm{Re}\left[\sqrt{\beta^2-\left(\dfrac{l}{2}+\dfrac{|s|\beta}{l}\right)^2}\right]-\mathrm{Re}\left[\sqrt{\varepsilon^2\beta^2-\left(\dfrac{l}{2}-\dfrac{|s|\beta}{l}\right)^2}\right], & |s|\leqslant(1-\varepsilon^2)\beta/2\\ 0, & 其他\end{cases} \tag{5.6.29}$$

这种透镜的三维 OTF 在径向和轴向分别在 $l=2\beta$ 和 $s=\beta(1-\varepsilon^2)/2$ 处截止。请注意，在存在色差的情况下，透镜的三维频率相关 OTF 是不真实的。可以看出，式 (5.6.29) 不包括参数 τ' 和 δ'，这两个参数由于空间非相干成像性质和时间平均处理而被消去。因此，式 (5.6.29) 只受径向相关色差 τ 和 δ 的影响。如式 (5.5.12) 所示，与 τ 的影响相比，δ 的影响可以忽略。当环形透镜的中心区域尺寸满足式 (5.5.13) 时，τ 的影响可以减小。然而在这种情况下，环形透镜的轴向成像性能下降 [5.10]。

为了了解光谱带宽 $\Delta\Omega$ 的影响，式 (5.6.29) 中的参数 β^3 和 PTDτ 的成像性能，我们假设脉冲时间剖面具有高斯时间形状，且 $\Delta\tau = 10$ fs 和 $\lambda_0 = 0.8$ μm。在图 5.6.1(b) 中，描述了三个频率 $\omega_0 - \Delta\Omega/2$、$\omega_0$ 和 $\omega_0 + \Delta\Omega/2$ 下的 CTF 的通带，它们有效地提高了三维时间平均 CTF 的通带。

图 5.6.2 显示了不同 τ/T 值的圆透镜的三维时均 OTF。当 $\tau/T = 0$ 时，三维 OTF (图 5.6.2(a)) 略有改善，因为有效截止空间频率的三维 OTF 大于连续光照频率为 ω_0 的三维 OTF (4.3 节)。这种特性是由式 (5.6.29) 中的前置因子 β^3 引起的，与较低频率相比，高于 ω_0 频率的贡献更大。由于函数 w 的频率依赖性，当 w 增大时，三维 OTF 的轴向带宽变窄。这种性质类似于第 4 章讨论的环形透镜的效果。然而，与环形透镜不同的是，τ/T 不会在径向上引起三维 OTF 的增强响应。最终，当 w 相当大时，三维 OTF 在 $s = 0$ 时变成一个平面 (图 5.6.2(d))。

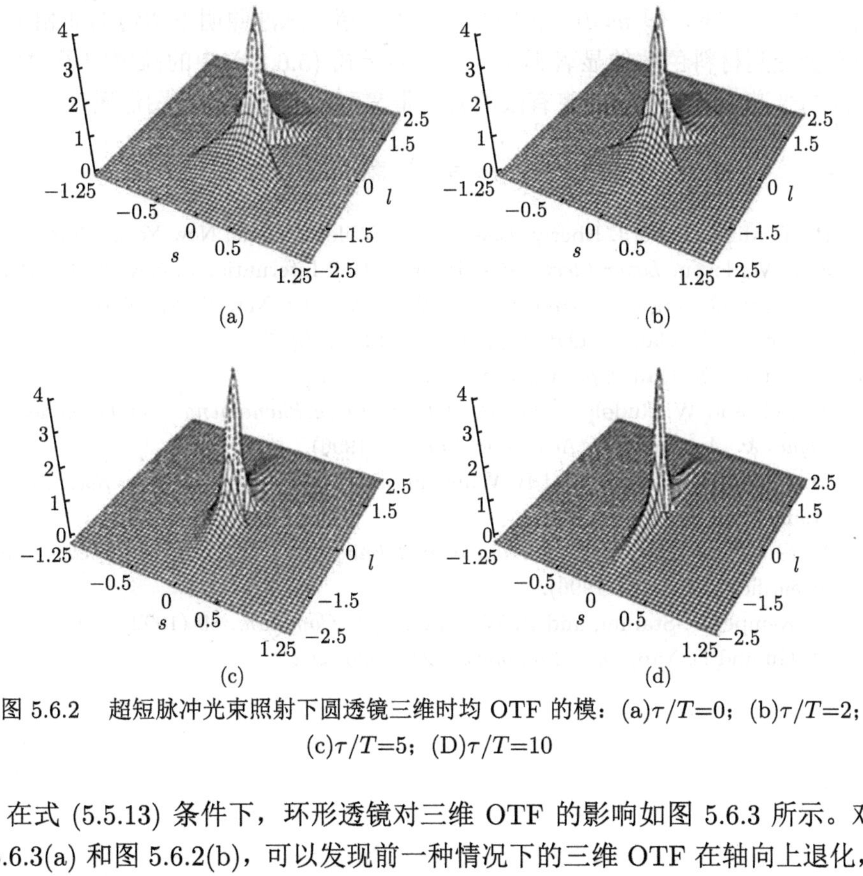

图 5.6.2 超短脉冲光束照射下圆透镜三维时均 OTF 的模：(a)τ/T=0；(b)τ/T=2；(c)τ/T=5；(D)τ/T=10

在式 (5.5.13) 条件下，环形透镜对三维 OTF 的影响如图 5.6.3 所示。对比图 5.6.3(a) 和图 5.6.2(b)，可以发现前一种情况下的三维 OTF 在轴向上退化，但在径向上有所改善。随着 τ/T 值的增大，轴向分辨率的退化变得非常强烈。三维

OTF 的径向性能的改进也使其在成像薄物体方面具有优势 [5.10]。

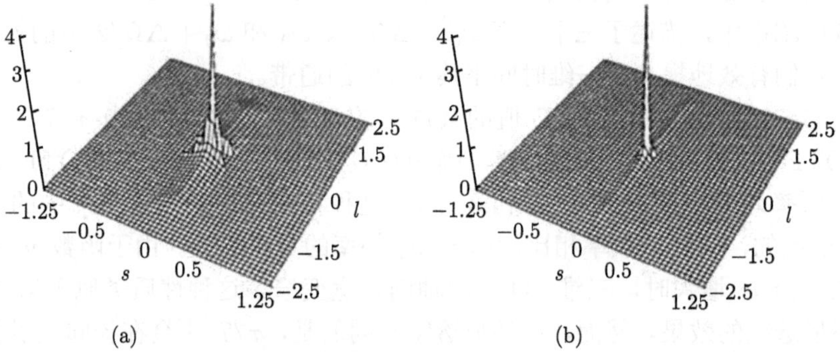

图 5.6.3　超短脉冲光束照射下环形透镜三维时均 OTF 的模：(a)τ/T=2；(b)τ/T=5

任何商业显微镜的物镜都是由双透镜组成的，所以可能不会出现强烈的色差。因此，τ 和 δ 为零，即 w=0。我们得出结论，超短脉冲照明下透镜的非相干成像性能不会受到材料色散的显著影响，并且由于式 (5.6.29) 中的前置因子 β^3 和入射脉冲的光谱分布，脉冲光束有限的光谱带宽可能会稍微改善图像质量。

参 考 文 献

[5.1] P. W. Milonni and J. Eberly, *Lasers* (John Wiley & Sons, New York, 1988).

[5.2] J. T. Verdeyen, *Laser Electronics* (Prentice-Hall International, New York, 1989).

[5.3] A. Yariv, *Quantum Electronics* (John Wiley & Sons, New York, 1975).

[5.4] M. Gu and X. Gan, *J. Opt. Soc. Am. A.* 13 (1996) 773.

[5.5] M. Gu and X. Gan, *Opt. Commun,* 125 (1996) 1.

[5.6] J. Diels and W. Rudolph, *Ultrashort Laser Pulse Phenomena: Fundamentals Techniques & Applications* (Academic, London, 1996).

[5.7] M. Kempe, U. Stamm, and B. Wilhelmi, and W. Rudolph, *J. Opt. Soc. Am. B,* 9 (1992) 1158.

[5.8] M. Gu, *Principles of Three-Dimensional Imaging in Confocal Microscopes* (World Scientific, Singapore, 1996).

[5.9] M. Kempe, U. Stamm, and B. Wilhelmi, *Opt. Commun.,* 89 (1992) 119.

[5.10] M. Gu and E. Yap, *Opt. Commun.,* 124 (1996) 202.

第 6 章　高数值孔径物镜成像

至此，我们所有的研究都是基于 2.4 节中描述的傍轴近似。这种近似适用于数值孔径不大的成像透镜 (物镜)，在这种情况下，诸如切趾、退偏振和像差的影响可以忽略。当透镜数值孔径大于 0.7 时，这些效应变得明显，且必须考虑进成像理论中。本章主要讨论高数值孔径物镜的成像。在 6.1 节描述了高数值孔径物镜的影响后，将在 6.2 节中介绍曾在 2.3 节中提及的高数值孔径物镜的德拜成像理论。根据德拜理论，6.3 节详细研究切趾这一与高数值孔径物镜相关的效应。6.4 节推导德拜理论下的传递函数。6.5 节介绍均匀介质中高数值孔径物镜的矢量衍射理论。6.6 节介绍高数值孔径物镜通过介电界面的聚焦过程。

6.1　高数值孔径物镜的影响

根据第 2 章介绍的瑞利–索末菲公式和基尔霍夫公式，我们可以用 U_1，U_2 和 U_k 表示三种情况下的亥姆霍兹波动方程的解。然而，如果①焦点和观测点与衍射小孔之间都有数倍波长距离，以及②焦点与观测点的距离明显小于焦距，则有 [6.1]

$$U_1 \approx U_2 \approx U_k \tag{6.1.1}$$

实际情况下，条件①和②在显微镜中通常是满足的，所以我们可以使用 $U_1(U_2)$ 或 U_k。方便起见，我们以 U_1 为例，根据式 (2.4.1)，U_1 可以表示为

$$U(P) = \frac{\mathrm{i}}{\lambda} \iint\limits_{\Sigma} U(P_1) \frac{\exp(-\mathrm{i}kr)}{r} \cos(\boldsymbol{n}, \boldsymbol{r}) \mathrm{d}S \tag{6.1.2}$$

其中，$U(P_1)$ 是衍射小孔 Σ 内任意点 P_1 处光的振幅值。

在第 2 章中，我们研究了透镜焦点附近的光场，其间进行了一系列近似。其中一个是傍轴近似。对于高数值孔径物镜，这种近似不再成立。事实上，在使用高数值孔径透镜进行成像时，应考虑以下效应。

1. 切趾

我们考虑如图 6.1.1 所示的圆透镜成像。假设透镜孔径 Σ 上的光场分布为 $P(r)$，其中 r 为径向坐标。函数 $P(r)$ 称为透镜的瞳函数，如第 3 章所介绍的那

样。光通过透镜后，光束会聚成一个焦点。因此，在理想情况下，经过透镜的波前 W 是一个球面。球面上的光场分布是收敛角为 θ 的函数，用 $P(\theta)$ 表示。

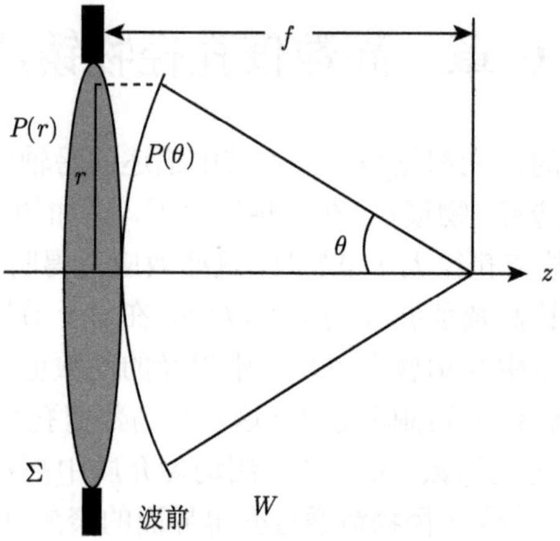

图 6.1.1 物镜聚焦过程

很明显, 对于小 (低) 数值孔径透镜, 透镜孔径的光分布约等于球面上的光分布, 即近似有 $P(r) = P(\theta)$。然而, 当透镜数值孔径变高时, 函数 $P(r)$ 和 $P(\theta)$ 之间的差别不能忽略。

函数 $P(\theta)$ 称为透镜的切趾函数。它的形式取决于许多因素，包括透镜的反射和透射系数、设计条件、放置在透镜前的空间滤光片等。6.3 节将进一步描述一些常用的切趾函数。

2. *去极化*

如果物镜的数值孔径较大，线偏振光会在透镜焦点处变成消偏振光。换句话说，如果入射电场沿 x 方向，那么在高数值孔径物镜聚焦处，y 和 z 方向的电场分量将不为零。这一特性将在 6.5 节中清楚地说明。

3. *像差*

如果经过透镜后的波前不是一个球面, 则通常函数 $P(\theta)$ 不是一个实函数。在这种情况下，我们有

$$P(\theta) = P_0(\theta) \exp\left[-\mathrm{i}k\varPhi(\theta)\right] \tag{6.1.3}$$

其中，$P_0(\theta)$ 和 $\varPhi(\theta)$ 为实函数，分别表示光场的幅值变化和相位变化；后者是成像中所谓的像差函数，将在第 7 章中讨论。通常，物镜的孔径越大，函数 $\varPhi(\theta)$ 越复杂。

6.2 德拜理论

德拜理论是建立在第 2 章提到的德拜近似基础上的。其给出了用于计算高数值孔径物镜衍射图样的衍射积分。这一理论的细节在本节中给出 [6.1, 6.2]。

6.2.1 德拜近似

考虑如图 6.2.1 所示的衍射孔径 Σ。假设衍射孔径上的波前是一个原点为 O 点的球面 W。这种情况相当于光束经过折射后用透镜进行的衍射。因此，在球面 W 上的场可以表示为

$$U_1(P) = P(P_1)\frac{\exp(\mathrm{i}kf)}{f} \tag{6.2.1}$$

式中，f 为球面的焦距，也表示球面的半径；因子 $\exp(\mathrm{i}kf)/f$ 表示收敛于原点 O 的球面波。在某些条件下，球面波前的场不是恒定的。因此引入一个函数 $P(P_1)$ 来表示球面波前的场分布。

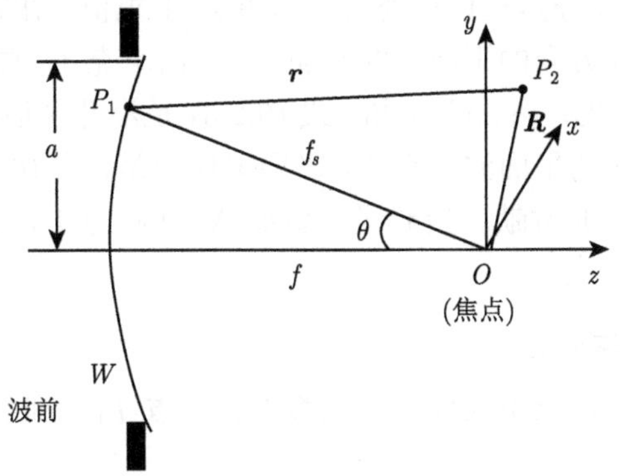

图 6.2.1 球面波的聚焦

在式 (6.1.1) 中使用式 (6.2.1) 可以得到原点 O 附近任意点 P_2 处的光场：

$$U(P_2) = \frac{\mathrm{i}}{\lambda}\iint_{\Sigma} P(P_1)\frac{\exp\left[-\mathrm{i}k(r-f)\right]}{fr}\cos(\boldsymbol{n},\boldsymbol{r})\mathrm{d}S \tag{6.2.2}$$

为了简化式 (6.2.2)，如果观测点 P_2 离原点 O 不远，可以引入以下近似。

(1) $r-f$ 的距离差近似表示为

$$r - f = \boldsymbol{s}\cdot\boldsymbol{R} \tag{6.2.3}$$

其中，$\boldsymbol{s}$ 是从球面上点 P_1 到原点 O 的单位矢量；$\boldsymbol{R}$ 是从原点到观测点 P_2 的矢量。这种近似意味着用平面小波代替来自衍射孔径 Σ 的球面小波。

(2) 面积元 dS 近似表示为

$$\mathrm{d}S = f^2\mathrm{d}\Omega \tag{6.2.4}$$

其中，dΩ 是面积 dS 对应的立体角。

(3) 方向余弦近似表示为

$$\cos(\boldsymbol{n}, \boldsymbol{r}) \approx 1 \tag{6.2.5}$$

其中，$\boldsymbol{r}$ 是从 P_1 到 P_2 的单位矢量；$\boldsymbol{n}$ 是衍射孔径的单位法线。

(4) 在式 (6.2.2) 的分母中，距离 r 可以近似地用 f 替换。

在这些近似下，我们可以将式 (6.2.2) 简化为

$$U(P_2) = \frac{\mathrm{i}}{\lambda}\iint\limits_{\Omega} P(P_1)\exp(-\mathrm{i}k\boldsymbol{s}\cdot R)\mathrm{d}\Omega \tag{6.2.6}$$

也就是所谓的德拜积分。推导这个表达式所涉及的近似称为德拜近似。

式 (6.2.6) 中的积分是在焦点处的立体角 Ω 上求值。在式 (6.2.6) 中，场表示为立体角内不同传播方向的平面波的叠加 (方向由填充 Ω 的矢量 $\boldsymbol{s}$ 指定) 。

比较式 (6.1.2) 和式 (6.2.6) 可知，式 (6.2.6) 是沿孔径边缘到物镜几何焦点画直线形成的几何锥内的平面波的叠加。需要记住的是，式 (6.1.2) 包含了德拜积分和几何锥外的平面波的贡献。当菲涅耳系数 N 近似为 1 时，两种衍射表达式之间的差异变得显著 [6.1]。

6.2.2　圆透镜的德拜积分

对于圆形物镜，可以引入球面坐标系来表示点 P_1。球面坐标系的原点是 O。因此点 P_1 的位置为

$$\begin{cases} x_1 = f\sin\theta\cos\varphi \\ y_1 = f\sin\theta\sin\varphi \\ z_1 = -f\cos\theta \end{cases} \tag{6.2.7}$$

其中，

$$\begin{cases} f^2 = x_1^2 + y_1^2 + z_1^2 \\ r_1^2 = x_1^2 + y_1^2 \end{cases}$$

对于点 P_2，我们引入了一个原点为 O 的极坐标体系。因此，点 P_2 的位置，即位置矢量 $\boldsymbol{R}$ 的坐标为

$$\begin{cases} x_2 = r_2\cos\psi \\ y_2 = r_2\sin\psi \\ z_2 \end{cases} \tag{6.2.8}$$

其中，

$$r_2^2 = x_2^2 + y_2^2$$

因为 $r_1 = f\sin\theta$，在这些条件下，可以使用以下转换：

$$\mathrm{d}\Omega = \sin\theta\mathrm{d}\theta\mathrm{d}\varphi \tag{6.2.9}$$

$$P(P_1) = P(r_1, \theta, \varphi) = P(\theta, \varphi) \tag{6.2.10}$$

利用图 6.2.1 所定义的 x、y、z 方向上的三个单位矢量 $\boldsymbol{i}$、$\boldsymbol{j}$、$\boldsymbol{k}$，单位矢量 $\boldsymbol{s}$ 可以表示为

$$\boldsymbol{s} = \sin\theta\cos\varphi\boldsymbol{i} + \sin\theta\sin\varphi\boldsymbol{j} + \cos\theta\boldsymbol{k} \tag{6.2.11}$$

因此，

$$\begin{aligned}\boldsymbol{s}\cdot\boldsymbol{R} &= r_2\sin\theta\cos\varphi\cos\psi + r_2\sin\theta\sin\varphi\sin\psi + z_2\cos\theta \\ &= r_2\sin\theta\cos(\varphi-\psi) + z_2\cos\theta\end{aligned} \tag{6.2.12}$$

因此式 (6.2.6) 变成

$$\begin{aligned}&U(r_2, \psi, z_2) \\ =&\frac{\mathrm{i}}{\lambda}\iint_{\Omega} P(\theta,\varphi)\exp\left[-\mathrm{i}kr_2\sin\theta\cos(\varphi-\psi) - \mathrm{i}kz_2\cos\theta\right]\sin\theta\mathrm{d}\theta\mathrm{d}\varphi\end{aligned} \tag{6.2.13}$$

若用 α 表示像空间中光线的最大会聚角，则式 (6.2.13) 中对 θ 的积分限为 $0\sim\alpha$, 对 φ 的积分限为 $0\sim2\pi$。事实上，物镜具有圆对称性。因此，我们有 $P(\theta,\varphi) = P(\theta)$。在这些条件下，式 (6.2.13) 与变量 ψ 无关，也就是说它是一个圆对称函数。用下面的数学公式 (附录 B)：

$$\mathrm{J}_0(x) = \frac{1}{2\pi}\int_0^{2\pi}\exp(-\mathrm{i}x\cos t)\mathrm{d}t \tag{6.2.14}$$

可以将式 (6.2.13) 简化为

$$U(r_2, z_2) = \frac{2\pi\mathrm{i}}{\lambda}\int_0^{\alpha} P(\theta)\mathrm{J}_0(kr_2\sin\theta)\exp(-\mathrm{i}kz_2\cos\theta)\sin\theta\mathrm{d}\theta \tag{6.2.15}$$

与第 3 章相似，径向和轴向光学坐标 v 和 u，定义为

$$\begin{cases} v = kr_2\sin\alpha \\ u = 4kz_2\sin^2(\alpha/2)\end{cases} \tag{6.2.16}$$

可以引入式 (6.2.15) 将其转化为紧凑形式：

$$U(v,u)=\frac{2\pi\mathrm{i}}{\lambda}\exp(-\mathrm{i}kz_2)\int_0^{\alpha}P(\theta)\mathrm{J}_0\left(\frac{v\sin\theta}{\sin\alpha}\right)\exp\left(\frac{\mathrm{i}u\sin^2(\theta/2)}{2\sin^2(\alpha/2)}\right)\sin\theta\mathrm{d}\theta \tag{6.2.17}$$

其中，利用了 $\cos\theta=1-2\sin^2(\theta/2)$。式 (6.2.17) 为圆孔径高数值孔径物镜焦区衍射场的德拜积分。

6.2.3 傍轴近似

若物镜的最大收敛角 α 较小，即物镜的数值孔径不高，则可在式 (6.2.17) 中使用如下近似：

$$\sin\theta\approx\theta \tag{6.2.18}$$

因此，

$$r_1\approx f\sin\theta\approx f\theta \tag{6.2.19}$$

$$\mathrm{d}\theta\approx\mathrm{d}r_1/f \tag{6.2.20}$$

因此式 (6.2.17) 简化为

$$U(v,u)=2\frac{N\mathrm{i}}{f}\exp(-\mathrm{i}kz_2)\int_0^1 P(\rho)\exp\left(\frac{\mathrm{i}u\rho^2}{2}\right)\mathrm{J}_0(\rho v)\rho\mathrm{d}\rho \tag{6.2.21}$$

其中，$\rho=r_2/a$ (a 是物镜的半径)；N 是式 (3.2.10) 中定义的菲涅耳系数。可以看出，切趾函数 $P(\theta)$ 简化为一个依赖于 ρ 的函数 $P(\rho)$，在第 3 章中称之为透镜的瞳函数。比较式 (6.2.21) 和式 (3.2.20)，我们发现，如果式 (3.2.20) 中 N 较大，除了前因子外，式 (6.2.21) 和在菲涅耳近似下推导的式 (3.2.20) 是一样的。式 (6.2.21) 中前因子 $1/f$ 来自于式 (6.2.1) 中照明光为球面波的假设。式 (6.2.21) 有时称为圆物镜衍射的经典结果，其中包括三种主要近似: 标量近似、德拜近似和傍轴近似。德拜衍射积分成立的条件是菲涅耳系数 N 远大于 1。在某些情况下，这种条件可能与傍轴近似相冲突。

高数值孔径物镜焦区强度 $I(v,u)$ 为式 (6.2.17) 模量的平方。图 6.2.2 给出了 $\alpha=75^\circ$ 时，高数值孔径物镜焦距附近的归一化径向强度分布 $I(v,u=0)$ 和轴向强度分布 $I(v=0,u)$。这里考虑的物镜满足正弦条件 $P(\theta)=1/\cos^{1/2}\theta$ (见 6.3 节)。与预期的一样，$I(v,u=0)$ 和 $I(v=0,u)$ 与图 3.2.5 中给出的圆透镜在傍轴近似下分布接近。

由图 6.2.2 可知，当 α 很小，即 N 远小于 1 时，式 (6.2.17) 的结果接近于菲涅耳近似下的结果。当 $N\sim1$ 时，德拜近似不成立，应该使用式 (6.1.2)。式 (6.1.2) 和式 (6.2.6) 之间的一个主要区别是，式 (6.1.2) 预测了低菲涅耳数物镜的焦移，

这导致沿 z 轴的不对称强度分布。这种移动是由式 (6.1.2)[6.1] 中的因子 $\cos(\boldsymbol{n},\boldsymbol{r})$ 造成的，它产生了一个与 z_2/f 成比例的因子。如果保持因子 $\cos(\boldsymbol{n},\boldsymbol{r})$ 不变，可以推导出修正的德拜积分 [6.1]，该积分显示了焦斑向衍射孔径的移动。这种现象已在实验工作中得到证实 [6.1]。在光学成像中，物镜在光波区域内的菲涅耳数通常远大于 1。因此，物镜的轴向强度分布相对于焦平面是对称的。

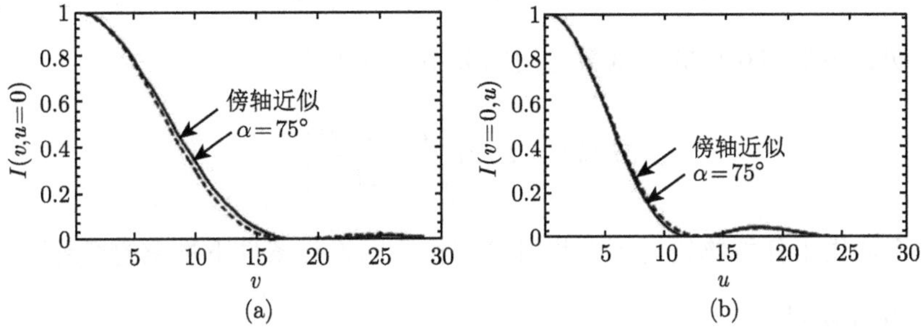

图 6.2.2　对于 α=75° 时物镜在德拜近似与傍轴近似条件下的焦点区域沿 (a) 径向和 (b) 轴向的光强分布对比

6.3 切趾函数

通常，物镜的瞳函数 $P(r)$ 在描述成像系统性能时是重要的。正如 6.1 节所指出的，对于高数值孔径物镜，$P(r)$ 不等于切趾函数 $P(\theta)$。$P(r)$ 给出横切面上的射线密度，而 $P(\theta)$ 给出会聚波前 W 上的射线密度。切趾函数依赖于成像系统在不同界面的透射系数和插入成像系统路径中的空间滤波器。

让我们先考虑切趾函数与瞳函数之间的一般关系。由图 6.1.1 可知，射线在半径 r 处的投影满足

$$r/f = g(\theta) \tag{6.3.1}$$

其中，$g(\theta)$ 为射线投影函数，给出了通过透镜平面 Σ 的光线如何投射到波前 W 上。

考虑一个均匀入射光束。入射振幅由 $P(r)$ 给出，对应于入射能量 $P^2(r)\delta S_0$。这里 δS_0 为平面 Σ 上 r 处的无限小面积元。光束经透镜折射后, 出射振幅由 $P(\theta)$ 表示, 对应离开能量为 $P^2(\theta)\delta S$，其中 δS 表示波前 W 上 θ 处的无穷小面积元。从图 6.1.1 的几何关系来说, δS_0 和 δS 分别为

$$\delta S_0 = 2\pi r \mathrm{d}r = 2\pi f^2 g(\theta) g'(\theta)\mathrm{d}\theta \tag{6.3.2}$$

和

$$\delta S = 2\pi f^2 \sin\theta \mathrm{d}\theta \tag{6.3.3}$$

这里，$g'(\theta)$ 是 $g(\theta)$ 对 θ 的导数。

根据能量守恒定律，我们有

$$P^2(r)\delta S_0 = P^2(\theta)\delta S \tag{6.3.4}$$

如果使用式 (6.3.2) 和式 (6.3.3)，上式可以简化为

$$P^2(r)2\pi f^2 g(\theta)g'(\theta)\mathrm{d}\theta = P^2(\theta)2\pi f^2 \sin\theta \mathrm{d}\theta \tag{6.3.5}$$

因此，切趾函数与相应的瞳函数之间的关系就变为

$$P(\theta) = P(r)\left|\frac{g(\theta)g'(\theta)}{\sin\theta}\right| \tag{6.3.6}$$

这种关系适用于任意物镜。下面将讨论四种不同设计条件下物镜的切趾函数。

6.3.1 正弦条件

在此条件下，如图 6.3.1 所示，射线投影函数为

$$g(\theta) = \sin\theta \tag{6.3.7}$$

即

$$r = f\sin\theta \tag{6.3.8}$$

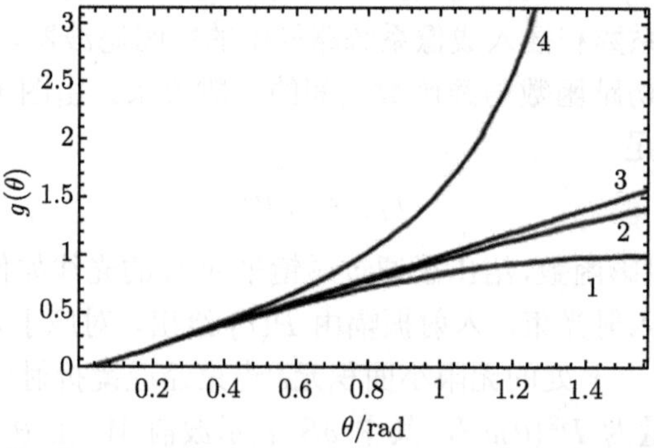

图 6.3.1 满足正弦条件 (曲线 1) 、赫歇尔条件 (曲线 2) 、均匀投影条件 (曲线 3) 以及亥姆霍兹条件 (曲线 4) 的物镜的射线投影函数 $g(\theta)$

式 (6.3.7) 的意义在于，像空间中的光线与焦球在相同高度相遇，物空间相应光线在此高度进入系统。根据几何光学，如图 6.3.2 所示，正弦条件对应于 [6.2]

$$n_1 Y_1 \sin\theta_1 = n_0 Y_0 \sin\theta_0 \tag{6.3.9}$$

其中，$n_0(n_1)$、$Y_0(Y_1)$ 和 $\theta_0(\theta_1)$ 分别为折射率、波前上的射线高度和射线在物 (像) 空间中的发散角。式 (6.3.9) 的几何意义是，在物平面上光轴附近的一个小区域，可以被任意发散角的射线族清晰地成像。这样的成像系统称为平面成像系统，它展示了二维横向空间不变性。商用物镜在设计过程中通常遵守正弦条件 [6.3]，因此，在物镜的视场内可以得到一个薄物体的完美图像。

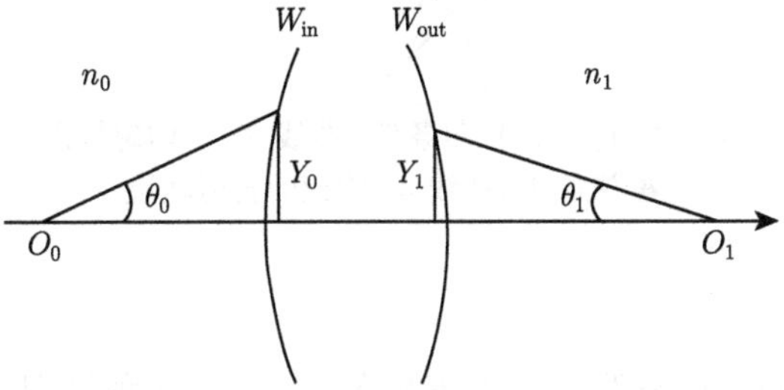

图 6.3.2 几何光学正弦条件示意图，W_{in} 和 W_{out} 分别为透镜系统进入与出射波前

依照式 (6.3.7)，正弦条件下的切趾函数为

$$P(\theta) = P(r)\sqrt{\cos\theta} \tag{6.3.10}$$

$P(r) = 1$ 的情况如图 6.3.3 所示。可以看到，会聚角上的射线密度随着角度 θ 的增加而减小。

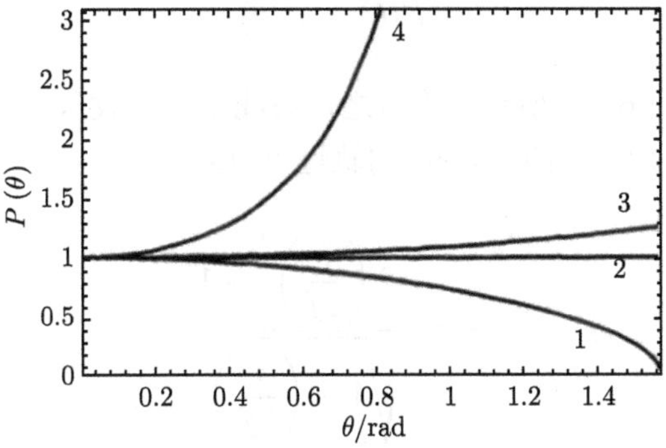

图 6.3.3 满足正弦条件 (曲线 1) 、赫歇尔条件 (曲线 2) 、均匀投影条件 (曲线 3) 以及亥姆霍兹条件 (曲线 4) 的切趾函数；瞳函数 $P(r)$ 近似为常数

根据式 (6.3.8)，相应的折射轨迹为

$$z = -\sqrt{f^2 - r^2} \tag{6.3.11}$$

此轨迹为球形 (图 6.3.4) [6.4]。

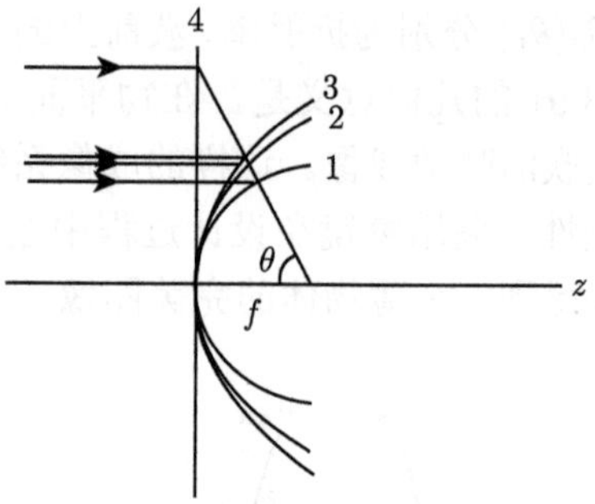

图 6.3.4　满足正弦条件 (曲线 1) 、赫歇尔条件 (曲线 2) 、均匀投影条件 (曲线 3) 以及亥姆霍兹条件 (曲线 4) 物镜的折射轨迹

6.3.2　赫歇尔条件

赫歇尔 (Herschel) 条件也称为等角条件[6.2]。这种情况下射线的投影由式 (6.3.12) 决定 (图 6.3.1)：

$$g(\theta) = 2\sin(\theta/2) \tag{6.3.12}$$

该式意味着

$$r = 2f\sin(\theta/2) \tag{6.3.13}$$

将式 (6.3.12) 代入式 (6.3.6)，得到遵从赫歇尔条件的物镜切趾函数:

$$P(\theta) = P(r) \tag{6.3.14}$$

均匀函数 $P(r)$ 如图 6.3.3 所示。换言之，射线密度在收敛角范围内是恒定的。

根据公式 (6.3.13)，折射率表面的轨迹可以表示为

$$\frac{z}{f} = \frac{2\left(\dfrac{r}{2f}\right)^2 - 1}{\sqrt{1-\left(\dfrac{r}{2f}\right)^2}} \tag{6.3.15}$$

结果如图 6.3.2 所示[6.4]。

式 (6.3.12) 的物理意义是波前的射线密度是恒定的。在几何光学中，这个条件等价于

$$n_1Y_1\sin(\theta_1/2) = n_0Y_0\sin(\theta_0/2) \tag{6.3.16}$$

在这种情况下，轴上 O_0 点上的物体可以通过任意角散度的射线清晰地成像。换言之，这一结果满足轴向的空间不变性。

6.3.3 均匀投影条件

均匀投影条件也称为拉格朗日条件[6.2]，其射线投影函数为

$$g(\theta) = \theta \tag{6.3.17}$$

如图 6.3.1 所示，相应地有

$$r = f\theta \tag{6.3.18}$$

式 (6.3.18) 的物理意义在于，在参考面上等径向距离转换为等角度间隔。在几何光学中，这个条件也意味着 [6.2]

$$\oint ns \cdot \mathrm{d}r = 0 \tag{6.3.19}$$

这个结果意味着光路沿环路的积分总是零。

利用式 (6.3.6)，可以推导出均匀投影条件下的切趾函数：

$$P(\theta) = P(r)\sqrt{\frac{\theta}{\sin\theta}} \tag{6.3.20}$$

如图 6.3.3 所示，这意味着与正弦条件和赫歇尔条件不同，借助式 (6.3.18)，此条件下折射率面的轨迹为

$$z = -r\cot\frac{r}{f} \tag{6.3.21}$$

如图 6.3.4 所示 [6.4]。

6.3.4 亥姆霍兹条件

亥姆霍兹 (Helmholtz) 条件也称为正切条件[6.2]，对应的射线投影函数为

$$g(\theta) = \tan\theta \tag{6.3.22}$$

如图 6.3.1 所示，因此引出

$$r = f\tan\theta \tag{6.3.23}$$

这种情况意味着成像是完美的。也就是说，在成像过程中不存在畸变，即三维的放大倍数是恒定的。在几何光学中，亥姆霍兹条件对应于

$$n_0 Y_0 \tan\theta_0 = n_1 Y_1 \tan\theta_1 \tag{6.3.24}$$

很容易发现在亥姆霍兹条件下的切趾函数为

$$P(\theta) = P(r)\left(\frac{1}{\sqrt{\cos\theta}}\right)^3 \tag{6.3.25}$$

折射率表面的轨迹为

$$z = f \tag{6.3.26}$$

这是一个平面 (图 6.3.4)，正如几何光学所期望的那样 [6.4]。

在结束本节之前，我们应该强调，如果物镜的数值孔径很小，从图 6.3.1、图 6.3.3、图 6.3.4 可以看出，切趾函数之间的差异可以忽略不计。

6.4 传递函数

在本节中，我们将推导成像空间中的两个传递函数，相干传递函数 (CTF) 和光学传递函数 (OTF)，用于高数值孔径物镜的相干成像和非相干成像。

6.4.1 相干传递函数

根据第 4 章的讨论，物镜的三维 CTF 是三维振幅点扩展函数 (amplitude point spread function，APSF) 的三维傅里叶变换，如式 (4.2.4)。对于圆孔径的高数值孔径物镜，根据德拜理论，三维 APSF 由式 (6.2.17) 给出。考虑到式 (4.2.4) 中的圆对称，高数值孔径物镜的三维 CTF 为

$$\begin{aligned} c(l,s) = K\int_0^\infty\int_0^\infty\left[\int_0^\alpha P(\theta)\exp\left(-\frac{\mathrm{i}u}{4\sin^2(\alpha/2)}\right)\exp\left(\frac{\mathrm{i}u\sin^2(\theta/2)}{2\sin^2(\alpha/2)}\right)\right. \\ \left.\times\, \mathrm{J}_0\left(\frac{v\sin\theta}{\sin\alpha}\right)\sin\theta\mathrm{d}\theta\right]\mathrm{J}_0(2\pi l r_2)\exp(2\pi\mathrm{i}z_2 s)2\pi r_2\mathrm{d}r_2\mathrm{d}z_2 \end{aligned} \tag{6.4.1}$$

其中，K 为归一化常数。

令 $\dfrac{\sin\theta}{\sin\alpha} = \rho$ 为瞳函数的归一化径向坐标。回顾式 (6.2.11) 中 u 和 v 与图像空间实坐标 z 和 r 的关系，我们可以将式 (6.4.1) 重写为

$$\begin{aligned} c(l,s) = K\int_0^\infty\int_0^\infty\left[\int_0^{\sin\alpha}\frac{P(\rho)\exp(-\mathrm{i}kz_2\sqrt{1-\rho^2\sin^2\alpha})\mathrm{J}_0(kr_2\rho\sin\alpha)}{\sqrt{1-\rho^2\sin^2\alpha}}\rho\mathrm{d}\rho\right] \\ \times\mathrm{J}_0(2\pi l r_2)\exp(2\pi\mathrm{i}z_2 s)r_2\mathrm{d}r_2\mathrm{d}z_2 \end{aligned} \tag{6.4.2}$$

这里 $P(\rho)$ 仍然是切趾函数，但式中用 ρ 表示而不是用 θ 表示。利用数学公式

$$\int_0^\infty 2\pi\mathrm{J}_0(2\pi ra)\mathrm{J}_0(2\pi rb)r\mathrm{d}r = \frac{\delta(a-b)}{a}$$

并对 r_2 进行积分，可将式 (6.4.2) 推导为

$$c(l,s)=K\int_0^{\infty}\left[\int_0^{\sin\alpha}\frac{P(\rho)\delta\left(\dfrac{\rho\sin\alpha}{\lambda}-l\right)\exp(-\mathrm{i}kz_2\sqrt{1-\rho^2\sin^2\alpha})}{\sqrt{1-\rho^2\sin^2\alpha}}\mathrm{d}\rho\right]\times\exp(2\pi\mathrm{i}z_2 s)\mathrm{d}z_2 \tag{6.4.3}$$

由于式 (6.4.3) 中的 delta 函数，我们有

$$l=\frac{\sin\theta}{\lambda} \tag{6.4.4}$$

用 $1/\lambda$ 对径向和轴向空间频率 l 和 s 进行归一化，并对 ρ 和 z_2 进行积分，得到

$$c(l,s)=\frac{P(l)}{\sqrt{1-l^2}}\delta(s-\sqrt{1-l^2}) \tag{6.4.5}$$

这里 $P(l)$ 是物镜的切趾函数，通过式 (6.4.4)，l 与射线会聚角度 θ 有关。在 l=0 时，三维 CTF 已归一化为 $\delta(s)$。

显然，式 (6.4.5) 给出了由 delta 函数确定的球盖。这个球盖，即所谓的埃瓦尔德 (Ewald) 球体 [6.5]，可以表示为

$$s^2+l^2=1 \tag{6.4.6}$$

由于 $l=\sin\theta$(见式 6.4.4)，径向截止空间频率为 $l=\sin\alpha$。因此轴向截止空间频率变为 $s=\cos\alpha$。如图 6.4.1 所示，球盖由下面的函数加权：

$$\frac{P(l)}{\sqrt{1-l^2}} \tag{6.4.7}$$

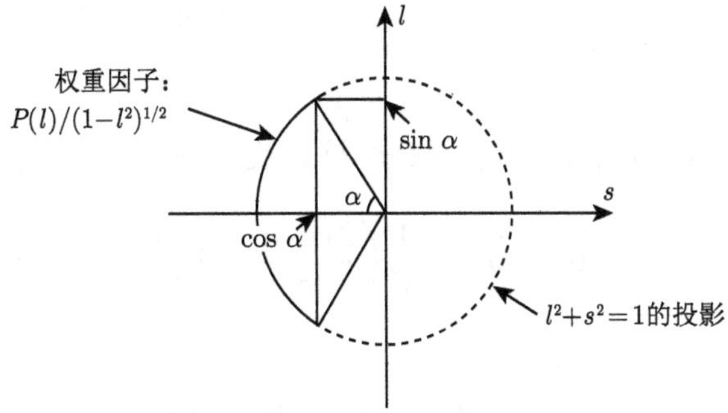

图 6.4.1 高数值孔径物镜在像空间的三维 CTF：$\alpha=60^\circ$

并沿轴向位移。当 $\alpha=\pi/2$ 时，轴向位移消失，因为对应的截止轴向空间频率为零。在这种情况下，该球盖即是埃瓦尔德球体的一半。

当物镜的最大收敛角 α 很小时，式 (6.4.6) 中的球面可由傍轴近似导出的抛物面近似描述，如图 4.2.1 所示。式 (4.2.10) 中的三维 CTF 和式 (6.4.5) 中的三维 CTF 的比较表明，高数值孔径情况与傍轴近似情况下 l 和 s 的定义不同。这两个定义的关系是

$$\begin{cases} (s\mp s_0)\left[4\sin^2(\alpha/2)\right]\Rightarrow s\mp 1 \\ l\sin\alpha\Rightarrow l \end{cases} \tag{6.4.8}$$

正负号分别对应于正区域和负区域的轴向空间频率。式 (6.4.8) 左边的变量 s 和 l 是傍轴近似下使用的轴向和径向空间频率，然而公式右边对应于高数值孔径物镜的情况。利用右边的定义，我们可以用简单的数学形式来表示球盖。

6.4.2 光学传递函数

高数值孔径物镜的三维 OTF 由式 (6.2.17) 中三维 APSF 的模平方的三维傅里叶变换给出。根据卷积定理 (附录 A)，

$$C(l,s)=\frac{P(l)}{\sqrt{1-l^2}}\delta(s+\sqrt{1-l^2})\otimes_3\frac{P(l)}{\sqrt{1-l^2}}\delta(s-\sqrt{1-l^2}) \tag{6.4.9}$$

式 (6.4.9) 表示一个球盖与其轴向倒置帽的卷积。与第 4 章中傍轴近似下三维 OTF 的推导不同，高数值孔径物镜的离焦二维 OTF 不能用垂直线上的积分来表示。相反，高数值孔径物镜的三维 OTF 可沿公式 (6.4.5) 定义的帽上圆弧进行计算 [6.6]。最后，对于满足正弦条件的系统，式 (6.4.9) 的解析解为 [6.6]

$$\begin{aligned}&C(l,s)\\&=\begin{cases}\dfrac{2|s|}{\pi\sqrt{l^2+s^2}}(\widetilde{p}^2-1)^{1/2}E\left[\beta,\dfrac{\widetilde{p}}{(\widetilde{p}^2-1)^{1/2}}\right], & (l^2+s^2)\leqslant 2(l\sin\alpha-|s|\cos\alpha)\\ 0, & \text{其他}\end{cases}\end{aligned} \tag{6.4.10}$$

其中，$E(x,y)$ 是第二类不完全椭圆积分 [6.7]。变量 β 和 $\widetilde{p}$ 定义为

$$\beta=\cos^{-1}\left[\frac{1}{\widetilde{p}}\left(\frac{2\cos\alpha}{|s|}+1\right)\right] \tag{6.4.11}$$

和

$$\widetilde{p}=\frac{2l}{|s|\sqrt{l^2+s^2}}\left(1-\frac{l^2+s^2}{4}\right)^{1/2} \tag{6.4.12}$$

在赫歇尔条件下 (即等角条件)，式 (6.4.9) 的解可表示为 [6.6]

$$C(l,s)=\begin{cases}\dfrac{4}{\pi\sqrt{l^2+s^2}}\beta, & (l^2+s^2)\leqslant 2(l\sin\alpha-|s|\cos\alpha)\\ 0, & \text{其他}\end{cases} \tag{6.4.13}$$

两种切趾条件下的三维 OTF 具有相同的通带，带宽为

$$(l^2+s^2)=2(l\sin\alpha-|s|\cos\alpha) \tag{6.4.14}$$

在 l-s 空间呈现“甜甜圈”结构，如图 4.3.4 所示。三维 OTF 的截止径向空间频率为 $2\sin\alpha$，而轴向截止空间频率为 $\pm(1-\cos\alpha)$。正弦和等角条件下的三维 OTF 分别如图 6.4.2 和图 6.4.3 所示。正如预期的那样，它们在原点处呈现出一个空间频率的圆锥缺失。只有当物镜的数值孔径接近 π/2 时，两个切趾函数的三维 OTF 之间的差异才会变得明显。

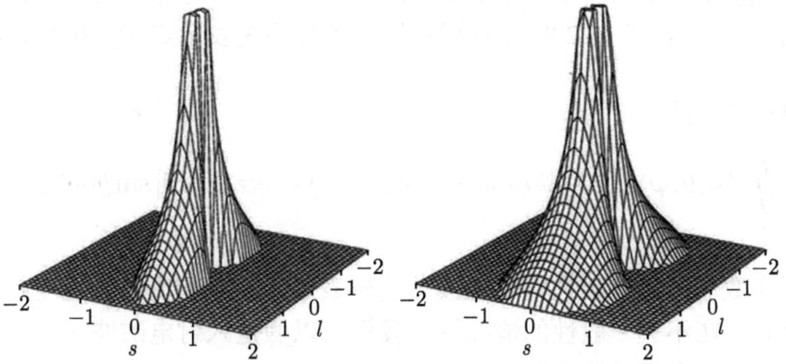

(a) (b)

图 6.4.2 遵循正弦条件的高数值孔径物镜三维 OTF: (a) α= 60°; (b) α= 90°

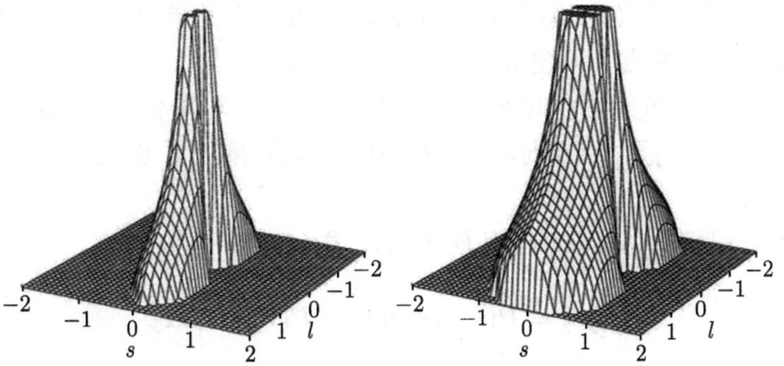

(a) (b)

图 6.4.3 遵循赫歇尔条件的高数值孔径物镜三维 OTF: (a) α= 60°; (b) α= 90°

6.5 矢量德拜理论

为了理解高数值孔径物镜在焦点附近的去极化效应，有必要将 6.2 节介绍的标量德拜理论推广到矢量形式。

6.5.1 矢量德拜积分

当考虑电磁波的矢量特性时，我们应该使用电场和磁场的波动方程的矢量形式。让我们先考虑电场。我们先不求解矢量波动方程。相反，让我们回忆一下，式 (6.2.6) 中的德拜积分是平面波在立体角内的叠加，立体角由光线的最大收敛角决定。假设入射平面波是线偏振。这种情况下，式 (6.2.6) 中的德拜积分可以改写为

$$E(P_2)=\frac{\mathrm{i}}{\lambda}\iint_{\Omega}E_0(P_1)\exp(-\mathrm{i}\boldsymbol{s}\cdot\boldsymbol{R})\mathrm{d}\Omega \tag{6.5.1}$$

其中，$E(P_2)$ 是物镜焦区 P_2 点处的电场；$E_0(P_1)$ 是参考球表面 P_1 点处的电场。

在式 (6.2.7) 和式 (6.2.8) 中使用相同的坐标系统表示点 P_1 和 P_2，我们有

$$\begin{aligned}&E(r_2,\psi,z_2)\\=&\frac{\mathrm{i}}{\lambda}\iint_{\Omega}E_0(\theta,\varphi)\exp\left[-\mathrm{i}kr_2\sin\theta\cos(\varphi-\psi)-\mathrm{i}kz_2\cos\theta\right]\sin\theta\mathrm{d}\theta\mathrm{d}\varphi\end{aligned} \tag{6.5.2}$$

为了得到高数值孔径物镜焦区电磁波的明确表达式，我们需要知道电场 $E_0(\theta,\varphi)$ 的矢量分布。在不失一般性的情况下，我们可以假定入射电磁波 E_i 是沿 x 轴的线偏振光。对一个圆对称系统，

$$E_i(r)=P(r)\boldsymbol{i} \tag{6.5.3}$$

这里，$P(r)$ 是透镜孔径内的振幅分布；$\boldsymbol{i}$ 是 x 方向上的单位矢量。我们还用 $\boldsymbol{j}$ 表示 y 方向上的单位向量 (见图 6.5.1) 。

为了描述物镜折射后的电磁场，我们引入另一对单位矢量 $\boldsymbol{\alpha}_\rho$ 和 $\boldsymbol{\alpha}_\varphi$，如图6.5.1 所示。它们是 ρ 方向和 φ 方向的单位矢量 (图 6.5.1 显示了这些单位矢量的正方向) 。

很显然，根据图 6.5.1 中的几何关系，式 (6.5.2) 变为

$$E_i(r)=P(r)\cos\varphi\boldsymbol{\alpha}_\rho-P(r)\sin\varphi\boldsymbol{\alpha}_\varphi \tag{6.5.4}$$

因此，入射电磁波沿 $\boldsymbol{\alpha}_\rho$ 和 $\boldsymbol{\alpha}_\varphi$ 方向分别有两个分量。经物镜折射后，这两个矢量的方向可以根据折射后选择的坐标系来改变。

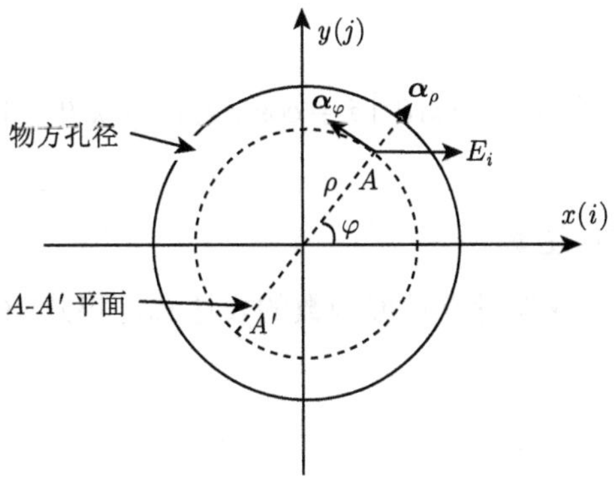

图 6.5.1 单位矢量 $\boldsymbol{i}$, $\boldsymbol{j}$, 以及 $\boldsymbol{\alpha}_p$ 和 $\boldsymbol{\alpha}_\varphi$ 的定义

考虑在图 6.5.1 中以 A-A' 标记的子午面中波的折射。波在该平面的折射如图6.5.2 所示。可以看出，矢量 $\boldsymbol{\alpha}_\varphi$ 没有改变方向，而矢量 $\boldsymbol{\alpha}_\rho$ 将其方向改变为 $\boldsymbol{\alpha}_\theta$。根据 6.3 节的讨论，波现在是 θ 的函数，由切趾函数 $P(\theta)$ 给出。换句话说，折射后 $P(r)$ 转化为 $P(\theta)$。因此，式 (6.5.4) 变为

$$E_i(\theta,\varphi) = P(\theta)\cos\varphi\boldsymbol{\alpha}_\theta - P(\theta)\sin\varphi\boldsymbol{\alpha}_\varphi \tag{6.5.5}$$

其中，

$$\begin{cases} \boldsymbol{\alpha}_\theta = \cos\theta\cos\varphi\boldsymbol{i} + \cos\theta\sin\varphi\boldsymbol{j} + \sin\theta\boldsymbol{k} \\ \boldsymbol{\alpha}_\varphi = -\sin\varphi\boldsymbol{i} + \cos\varphi\boldsymbol{k} \end{cases} \tag{6.5.6}$$

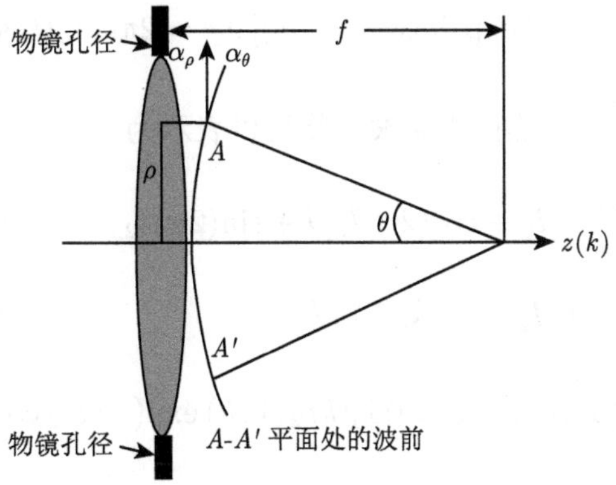

图 6.5.2 入射波在图 6.5.1 中子午面 A-A' 上的折射光线

很明显，式 (6.5.5) 是式 (6.5.2) 中的矢量波 $\boldsymbol{E}_0(\theta,\varphi)$，因为式 (6.5.1) 中的 P_1 是参考面上的任意点。将式 (6.5.6) 代入式 (6.5.5) 得到

$$
\begin{aligned}
&\boldsymbol{E}_0(\theta,\varphi)\\
=&P(\theta)\left\{\left[\cos\theta+\sin^2\varphi(1-\cos\theta)\right]\boldsymbol{i}+\cos\varphi\sin\varphi(\cos\theta-1)\boldsymbol{j}+\cos\varphi\sin\theta\boldsymbol{k}\right\}
\end{aligned}
\tag{6.5.7}
$$

6.5.2 焦面矢量点扩散函数

为求解物镜焦点区域矢量点扩展函数的表达式，将式 (6.5.7) 代入式 (6.5.2)，得到

$$
\begin{aligned}
&\boldsymbol{E}(r_2,\psi,z_2)\\
=&\frac{1}{\lambda}\iint\limits_{\Omega}P(\theta)\left\{\left[\cos\theta+\sin^2\varphi(1-\cos\theta)\right]\boldsymbol{i}+\cos\varphi\sin\varphi(\cos\theta-1)\boldsymbol{j}\right.\\
&\left.+\cos\varphi\sin\theta\,\boldsymbol{k}\right\}\exp\left[-\mathrm{i}kr_2\sin\theta\cos(\varphi-\psi)\right]\exp(-\mathrm{i}kz_2\cos\theta)\sin\theta\mathrm{d}\theta\mathrm{d}\varphi
\end{aligned}
\tag{6.5.8}
$$

对 φ 的积分是从 0 到 2π，对 θ 的积分是从 0 到 α，对 φ 积分，考虑如下公式：

$$
\begin{cases}
\sin^2\varphi=\dfrac{1}{2}\left[1-\cos(2\varphi)\right]\\
\sin\varphi\cos\varphi=\dfrac{1}{2}\sin(2\varphi)
\end{cases}
$$

如果使用下面的积分：

$$
\begin{cases}
\displaystyle\int_0^{2\pi}\cos(n\varphi)\exp\left[\mathrm{i}t\cos(\varphi-\psi)\right]\mathrm{d}\varphi=2\pi\mathrm{i}^n\mathrm{J}_n(t)\cos(n\psi)\\
\displaystyle\int_0^{2\pi}\sin(n\varphi)\exp\left[\mathrm{i}t\cos(\varphi-\psi)\right]\mathrm{d}\varphi=2\pi\mathrm{i}^n\mathrm{J}_n(t)\sin(n\psi)
\end{cases}
$$

其中，n 为整数，则物镜焦区电磁波最终可以表示为

$$
\boldsymbol{E}(r_2,\psi,z_2)=\frac{\pi\mathrm{i}}{\lambda}\left\{\left[I_0+\cos(2\psi)I_2\right]\boldsymbol{i}+\sin(2\psi)I_2\boldsymbol{j}+2\mathrm{i}\cos\psi I_1\,\boldsymbol{k}\right\}
\tag{6.5.9}
$$

这里三个变量 I_0，I_1 和 I_2 的定义分别为

$$
I_0=\int_0^{\alpha}P(\theta)\sin\theta(1+\cos\theta)\mathrm{J}_0(kr_2\sin\theta)\exp(-\mathrm{i}kz_2\cos\theta)\mathrm{d}\theta
\tag{6.5.10}
$$

$$
I_1=\int_0^{\alpha}P(\theta)\sin^2\theta\mathrm{J}_1(kr_2\sin\theta)\exp(-\mathrm{i}kz_2\cos\theta)\mathrm{d}\theta
\tag{6.5.11}
$$

$$
I_2=\int_0^{\alpha}P(\theta)\sin\theta(1-\cos\theta)\mathrm{J}_2(kr_2\sin\theta)\exp(-\mathrm{i}kz_2\cos\theta)\mathrm{d}\theta
\tag{6.5.12}
$$

其中，$\mathrm{J}_0(x)$、$\mathrm{J}_1(x)$ 和 $\mathrm{J}_2(x)$ 分别是零阶、一阶和二阶的第一类贝塞尔函数 (见附录 B) 。

由式 (6.5.9) 可知，虽然入射偏振沿 x 轴，但高数值孔径物镜焦区衍射场在 x、y、z 方向有三个分量。这种现象就是所谓的高数值孔径物镜的去极化效应。只有当 $\psi=\pi/2$ 时，不存在去极化。下面将显示，当物镜的数值孔径较小时，去极化效应变弱或消失。即使忽略去极化效应，x 方向的电场仍然不同于标量近似下式 (6.2.17) 所给出的结果。但是，标量理论和矢量理论的衍射场在 x 方向上的差异并不大，因为式 (6.5.12) 中的 I_2 的值远小于式 (6.5.10) 中的 I_0。

现在我们转到物镜焦点区域的磁场 $\boldsymbol{B}$。对于入射的平面电磁波，$\boldsymbol{B}$ 与 $\boldsymbol{E}$ 之间的关系为 $(\widetilde{k}/|\widetilde{k}|)\times\boldsymbol{E}=c\boldsymbol{B}/n$，其中 c 为真空中的光速，$\widetilde{k}$ 为波矢 [6.2]。由于入射电场假定为 x 方向，因此入射磁场沿 y 方向。同理，可得物镜焦区附近的磁场表达式为 [6.1]

$$\boldsymbol{B}(r_2,\psi,z_2)=\frac{\pi\mathrm{i}}{\lambda}\frac{n}{c}\left\{\sin(2\psi)I_2\boldsymbol{i}+\left[I_0-\cos(2\psi)I_2\right]\boldsymbol{j}+2\mathrm{i}\sin\psi I_1\,\boldsymbol{k}\right\} \tag{6.5.13}$$

在给出式 (6.5.9) 的数值结果之前，让我们考虑最大收敛角 α 较小时式 (6.5.9) 的极限形式。在这个傍轴近似下，与 $\mathrm{J}_0(x)$ 相比，我们有 $\mathrm{J}_1(x)\to 0$ 和 $\mathrm{J}_2(x)\to 0$。因此，如果 α 很小，我们有

$$I_0=\frac{2a^2}{f^2}\exp(-\mathrm{i}kz_2)\int_0^1 P(\rho)\mathrm{J}_0(v\rho)\exp\left(\frac{\mathrm{i}}{2}\rho^2u\right)\rho\mathrm{d}\rho \tag{6.5.14}$$

$$I_1=0 \tag{6.5.15}$$

$$I_2=0 \tag{6.5.16}$$

这里使用了式 (6.2.18) ～ 式 (6.2.20) 中的近似。式 (6.2.16) 给出了 v 和 u 的定义，因此，

$$\boldsymbol{E}(r_2,\psi,z_2)=\frac{\pi\mathrm{i}}{\lambda}I_0\boldsymbol{i} \tag{6.5.17}$$

这与式 (6.2.21) 相同。换句话说，电磁波在焦点区域的偏振状态与入射电磁波相同，即小数值孔径的物镜不发生去极化。

强度为式 (6.5.9) 的模量的平方，即

$$I(r_2,\psi,z_2)=C\left\{|I_0|^2+4|I_1|^2\cos^2\psi+|I_2|^2+2\cos(2\psi)\mathrm{Re}(I_0I_2^*)\right\} \tag{6.5.18}$$

其中，C 是一个标准化常数；Re 表示取参数的实数。

图 6.5.3 分别显示了在 $\psi = 0$ (沿 x 轴) 和 $\psi = \pi/2$ (沿 y 轴) 两个正交方向在原点归一化的焦点强度点扩散函数。比较图 6.5.3 与图 6.2.2(a), 我们发现沿着 x 轴的响应在矢量理论下比傍轴近似下的宽，沿着 y 轴的响应在矢量理论下比傍轴近似下的窄。这些行为可以解释如下。

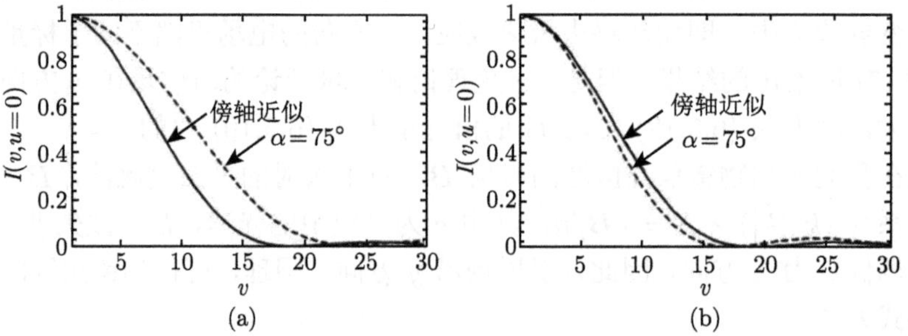

图 6.5.3　不同最大会聚角度下物镜的聚焦区域内的横截面的光强分布：(a) 沿 x 的方向 ($\psi = 0$)；(b) 沿 y 的方向 ($\psi = \pi/2$)

由附录 B 中的图 B.1.1 可以看出，当 $x < 1$ 时，零阶、一阶、二阶贝塞尔函数 $J_0(x)$，$J_1(x)$ 和 $J_2(x)$ 呈现出如下关系: $J_0 > J_1 > J_2$。因此, r_2 不大时我们有

$$|I_0| > |I_1| > |I_2| \tag{6.5.19}$$

当 $\psi = 0$ 时，式 (6.5.18) 简化为

$$I(r_2, 0, 0) = C\left\{|I_0|^2 + 4|I_1|^2 + |I_2|^2 + 2\mathrm{Re}(I_0 I_2^*)\right\} \tag{6.5.20}$$

由于式 (6.5.19)，式 (6.5.20) 中最后一项的贡献小于第二项，因此，对于给定的 r_2，式 (6.5.20) 中的强度可能比公式 (6.2.17) 给出的大，见图 6.5.3(a)。

另外，沿 y 方向，即 $\psi = \pi/2$ 时，强度为

$$I(r_2, \pi/2, 0) = C\left\{|I_0|^2 + |I_2|^2 - 2\mathrm{Re}(I_0 I_2^*)\right\} \tag{6.5.21}$$

由于式 (6.5.19)，对于给定的 r_2，式 (6.5.21) 中的强度可能小于式 (6.2.17)，因此，式 (6.5.21) 中的强度响应窄于标量近似下 (式 (6.2.17)) 的值。

6.6　电介质界面的矢量点扩展函数

式 (6.5.9) 中高数值孔径物镜焦区电场的表达式在入射光都聚集到一个折射率为 n 的均匀介质上时是有效的。在许多实际情况下，物镜通过一个或一系列不

同折射率介质之间的界面后将入射光聚焦。例如，在光学显微镜中，所研究的样品通常被夹在盖玻片和载玻片之间。盖玻片的折射率约为 1.5，与生物样品的折射率不同。在这种情况下，入射光通过盖玻片和样品之间的界面后聚焦。另一个例子是激光诱捕 [6.8]。在激光诱捕中，被高数值孔径物镜捕获的粒子通常浸泡在装有水的玻璃槽中。因此，捕获激光束通过玻璃和水的界面后聚焦 [6.9]。在多层光数据存储的情况下，记录光束通过记录介质和浸入介质之间的界面后聚焦 [6.10]。在这些情况下，由于界面上发生的折射效应，式 (6.5.9) 不能用来描述物镜焦点区域的光分布。最近，Torok 等 [6.11, 6.12] 开发了一种计算电磁波通过介质界面聚焦的理论方法。本节介绍这种新的理论方法的主要原理。

6.6.1 单电介质界面

这部分的描述与 Torok 的原始论文 [6.11] 有所不同，而是对 6.5 节的自然延伸。假设折射率为 n_1 和 n_2 的两种介质之间有一个界面。将物镜浸入折射率为 n_1 的介质中，入射光束从介质 1 聚焦到介质 2 (图 6.6.1) 。无界面物镜的几何焦点位于 x-y-z 坐标系的原点 O 处。假设界面在 $z=-d$ 处。

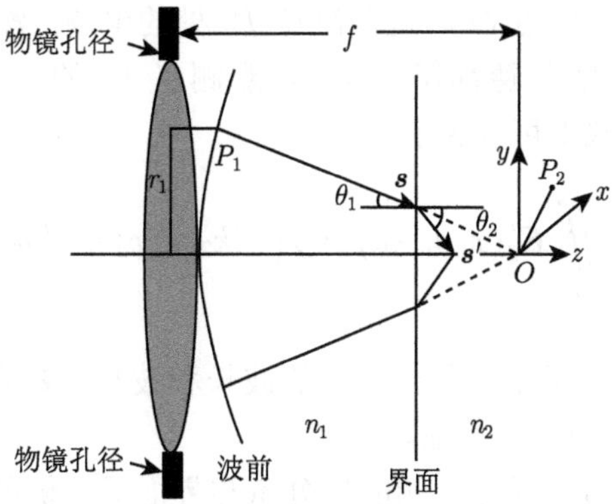

图 6.6.1 入射波在界面处的聚焦示意图

考虑一个平面波 E_i 入射到物镜上 [6.11]。根据式 (6.5.1)，作用在界面上的矢量电场可表示为

$$\boldsymbol{E}_1(x,y,-d)=\frac{\mathrm{i}}{\lambda_1}\iint\limits_{\Omega}\boldsymbol{E}_0(P_1)\exp\left[-\mathrm{i}k_1(s_x x+s_y y-s_z d)\right]\mathrm{d}\Omega \tag{6.6.1}$$

其表示从点 P_1 发出的平面波在物镜收敛角锥面内沿 s 方向传播的叠加。这里，s_x，s_y 和 s_z 分别表示图 6.6.1 中单位矢量 $\boldsymbol{s}$ 在 x, y, z 方向的分量；λ_1 和 k_1 分别表示第一种介质中的波长和波数。根据极坐标系表示的式 (6.5.5)，每个平面波 $\boldsymbol{E}_0$

的矢量幅值为

$$\boldsymbol{E}_0(\theta_1,\varphi)=P(\theta_1)\cos\varphi\boldsymbol{\alpha}_{\theta_1}-P(\theta_1)\sin\varphi\boldsymbol{\alpha}_{\varphi} \tag{6.6.2}$$

其中，θ_1 为界面的入射角。当这些平面波与界面相交时，它们的传播方向因折射而改变，从而产生一系列沿方向 s' 传播的新的平面波，单位矢量 $\boldsymbol{\alpha}_{\theta_1}$ 从而转化为 $\boldsymbol{\alpha}_{\theta_2}$。这些新的平面波的强度可以根据菲涅耳方程得到 [6.2]。注意，式 (6.6.2) 中沿 $\boldsymbol{\alpha}_{\theta_1}$ 和 $\boldsymbol{\alpha}_{\varphi}$ 的分量分别对应于包括界面法线的入射平面上的平行偏振分量和垂直偏振分量。这样，这些新的平面波的矢量强度可以表示为

$$\boldsymbol{E}_0\left(\theta_1,\varphi\right)=P\left(\theta_1\right)t_{\mathrm{p}}\cos\varphi\boldsymbol{\alpha}_{\theta 2}-P\left(\theta_1\right)t_{\mathrm{s}}\sin\varphi\boldsymbol{\alpha}_{\varphi} \tag{6.6.3}$$

其中，t_{p} 和 t_{s} 分别是菲涅耳方程中平行与垂直偏振态的强度透射系数 [6.2]。因此，$\delta\to 0$ 时，这些新的平面波的矢量振幅可以表示为

$$\boldsymbol{E}_2(x,y,-d+\delta)=\frac{\mathrm{i}}{\lambda_1}\iint\limits_{\Omega}\boldsymbol{E}_0'(P_1)\exp\left[-\mathrm{i}k(s_x x+s_y y-s_z d)\right]\mathrm{d}\Omega \tag{6.6.4}$$

下一个任务是找出原点 O 附近观测点 P_2 处的电场，没有界面时该原点即几何焦点。根据式 (6.5.1) 的德拜积分原理，观测点 P_2 的电场也是沿 s' 方向传播的平面波的叠加，形式上可以表示为

$$\boldsymbol{E}_2(x_2,y_2,z_2)=\frac{\mathrm{i}}{\lambda_2}\iint\limits_{\Omega'}\boldsymbol{E}_2'(x,y,-d)\exp\left[-\mathrm{i}k_2(s_x'x_2+s_y'y_2+s_z'z_2)\right]\mathrm{d}\Omega' \tag{6.6.5}$$

其中，λ_2 和 k_2 分别表示第二种介质中的波长和波数；$\boldsymbol{E}_2'(x,y,-d)$ 表示界面上 x、y 点发出的平面波的矢量振幅。

我们记得，波矢量在界面一侧的切分量与界面另一侧的切分量相等 [6.2,6.11]，因此 $\mathrm{d}\Omega'$ 可以表示为

$$\mathrm{d}\Omega'=\left(\frac{k_1}{k_2}\right)^2\mathrm{d}\Omega \tag{6.6.6}$$

而且，

$$\begin{cases}k_{1x}=k_{2x}\\ k_{1y}=k_{2y}\end{cases}$$

在界面处，式 (6.6.4) 等于式 (6.6.5)。因此，我们有

$$\boldsymbol{E}_2'(x,y,-d)=\frac{k_2}{k_1}\boldsymbol{E}_0'(P_1)\exp\left[\mathrm{i}d(k_1s_z-k_2s_z)\right] \tag{6.6.7}$$

其中，$\boldsymbol{E}_0'(P_1)$ 由式 (6.6.3) 给出。最终，观测点 P_2 的电场可以写成

$$\begin{aligned}\boldsymbol{E}_2(x_2,y_2,z_2)=&\frac{\mathrm{i}}{\lambda_1}\iint\limits_{\Omega'}\boldsymbol{E}_0'(P_1)\exp\left[-\mathrm{i}k_1(s_xx_2+s_yy_2)-\mathrm{i}k_2s_z'z_2\right]\\&\times\exp\left[\mathrm{i}d(k_1s_z-k_2s_z')\right]\mathrm{d}\Omega\end{aligned}\tag{6.6.8}$$

单位矢量 $\boldsymbol{s}$ 和 $\boldsymbol{s}'$ 可以表示为

$$\begin{cases}\boldsymbol{s}=\sin\theta_1\cos\varphi\boldsymbol{i}+\sin\theta_1\sin\varphi\boldsymbol{j}+\cos\theta_1\boldsymbol{k}\\\boldsymbol{s}'=\sin\theta_2\cos\varphi\boldsymbol{i}+\sin\theta_2\sin\varphi\boldsymbol{j}+\cos\theta_2\boldsymbol{k}\end{cases}\tag{6.6.9}$$

这样，

$$\mathrm{d}\Omega=\sin\theta_1\mathrm{d}\theta_1d\varphi\tag{6.6.10}$$

根据式 (6.5.6)，也可以将式 (6.6.3) 转换为笛卡儿坐标:

$$\begin{aligned}\boldsymbol{E}_0'(\theta_1,\varphi)=&P(\theta_1)\left[(t_\mathrm{p}\cos\theta_2\cos^2\varphi+t_\mathrm{s}\sin^2\varphi)\right]\boldsymbol{i}\\&-(t_\mathrm{p}\cos\theta_2\sin\varphi\cos\varphi-t_\mathrm{s}\sin\varphi\cos\varphi)\boldsymbol{j}+t_\mathrm{p}\sin\theta_2\cos\varphi\boldsymbol{k}\end{aligned}\tag{6.6.11}$$

将式 (6.6.9) $\sim$ 式 (6.6.11) 代入式 (6.6.8)，得到焦区的矢量电场:

$$\begin{aligned}&\boldsymbol{E}(r_2,\psi,z_2)\\=&\frac{1}{\lambda_1}\iint\limits_{\Omega}P(\theta_1,\varphi)\exp\left[-\mathrm{i}k_0\Phi(\theta_1)\right]\left[(t_\mathrm{p}\cos\theta_2\cos^2\varphi+t_\mathrm{s}\sin^2\varphi)\boldsymbol{i}\right.\\&\left.+(t_\mathrm{p}\cos\theta_2\cos\varphi\sin\varphi-t_\mathrm{s}\cos\varphi\sin\varphi)\boldsymbol{j}+t_\mathrm{p}\cos\varphi\sin\theta_2\ \boldsymbol{k}\right]\\&\times\exp\left[-\mathrm{i}k_1r_2\sin\theta_1\cos(\varphi-\psi)\right]\exp(-\mathrm{i}k_2z_2\cos\theta_2)\sin\theta_1\mathrm{d}\theta_1\mathrm{d}\varphi\end{aligned}\tag{6.6.12}$$

其中，P_2 点的位置用式 (6.2.9) 给出的极坐标表示；k_0 为真空中的波数；函数 $\Phi(\theta_1)$ 为

$$\Phi(\theta_1)=-d(n_1\cos\theta_1-n_2\cos\theta_2)\tag{6.6.13}$$

表示由折射率 n_1 和 n_2 不匹配引起的像差函数。这里 θ_1 和 θ_2 通过斯涅耳定律连接。式 (6.6.13) 对图像质量的影响将在第 7 章中进一步讨论。

用与简化式 (6.5.8) 相似的方法，可以进一步简化式 (6.6.12)。最后, 我们有

$$\boldsymbol{E}(r_2,\psi,z_2)=\frac{\pi\mathrm{i}}{\lambda_1}\left\{\left[I_0^e+\cos(2\psi)I_2^e\right]\boldsymbol{i}+\sin(2\psi)I_2^e\boldsymbol{j}+2i\cos\psi I_1^e\boldsymbol{k}\right\}\tag{6.6.14}$$

其中，

$$I_0^e = \int_0^\alpha P(\theta_1)\sin\theta_1(t_\mathrm{s} + t_\mathrm{p}\cos\theta_2)\exp\left[-\mathrm{i}k_0\Phi(\theta_1)\right] \times \mathrm{J}_0(k_1 r_2 \sin\theta_1)\exp(-\mathrm{i}k_2 z_2\cos\theta_2)\mathrm{d}\theta_1 \tag{6.6.15}$$

$$I_1^e = \int_0^\alpha P(\theta_1)\sin\theta_1(t_\mathrm{p}\sin\theta_2)\exp\left[-\mathrm{i}k_0\Phi(\theta_1)\right] \times \mathrm{J}_1(k_1 r_2 \sin\theta_1)\exp(-\mathrm{i}k_2 z_2\cos\theta_2)\mathrm{d}\theta_2 \tag{6.6.16}$$

$$I_2^e = \int_0^\alpha P(\theta_1)\sin\theta_1(t_\mathrm{s} - t_\mathrm{p}\cos\theta_2)\exp\left[-\mathrm{i}k_0\Phi(\theta_1)\right] \times \mathrm{J}_2(k_1 r_2 \sin\theta_1)\exp(-\mathrm{i}k_2 z_2\cos\theta_2)\mathrm{d}\theta_1 \tag{6.6.17}$$

同理，磁场矢量可表示为 [6.11]

$$\boldsymbol{B}(r_2,\psi,z_2) = \frac{\pi\mathrm{i}}{\lambda_1}\frac{n_1}{c}\left\{\sin(2\psi)I_2^b\boldsymbol{i} + \left[I_0^b - \cos(2\psi)I_2^b\right]\boldsymbol{j} + 2\mathrm{i}\sin\psi I_1^b\,\boldsymbol{k}\right\} \tag{6.6.18}$$

其中，

$$I_0^b = \int_0^\alpha P(\theta_1)\sin\theta_1(t_\mathrm{p} + t_\mathrm{s}\cos\theta_2)\exp\left[-\mathrm{i}k_0\Phi(\theta_1)\right] \times \mathrm{J}_0(k_1 r_2 \sin\theta_1)\exp(-\mathrm{i}k_2 z_2\cos\theta_2)\mathrm{d}\theta_1 \tag{6.6.19}$$

$$I_1^b = \int_0^\alpha P(\theta_1)\sin\theta_1(t_\mathrm{s}\sin\theta_2)\exp\left[-\mathrm{i}k_0\Phi(\theta_1)\right] \times \mathrm{J}_1(k_1 r_2 \sin\theta_1)\exp(-\mathrm{i}k_2 z_2\cos\theta_2)\mathrm{d}\theta_2 \tag{6.6.20}$$

$$I_2^b = \int_0^\alpha P(\theta_1)\sin\theta_1(t_\mathrm{p} - t_\mathrm{s}\cos\theta_2)\exp\left[-\mathrm{i}k_0\Phi(\theta_1)\right] \times \mathrm{J}_2(k_1 r_2 \sin\theta_1)\exp(-\mathrm{i}k_2 z_2\cos\theta_2)\mathrm{d}\theta_1 \tag{6.6.21}$$

如果折射率没有失配，式 (6.6.15) ~ 式 (6.6.17) 分别等于式 (6.6.19) ~ 式 (6.6.21)。因此式 (6.6.14) 和式 (6.6.18) 分别简化为式 (6.5.9) 和式 (6.5.13)。

6.6.2 多介质界面

本节总结了多介质界面理论方法的主要结果。如果读者对推导的细节感兴趣，可以阅读列出的参考文献 [6.12]。

图 6.6.2 显示入射波通过 N 个介电介质组成的 $N-1$ 个界面聚焦。几何焦点位于第 N 个介质内。焦点附近的电场为 [6.12]

$$\boldsymbol{E}(r_2,\psi,z_2)=\frac{\pi\mathrm{i}}{\lambda_1}\left\{\left[I_0^N+\cos(2\psi)I_2^N\right]\boldsymbol{i}+\sin(2\psi)I_2^N\boldsymbol{j}+2\mathrm{i}\cos\psi I_1^N\boldsymbol{k}\right\}\tag{6.6.22}$$

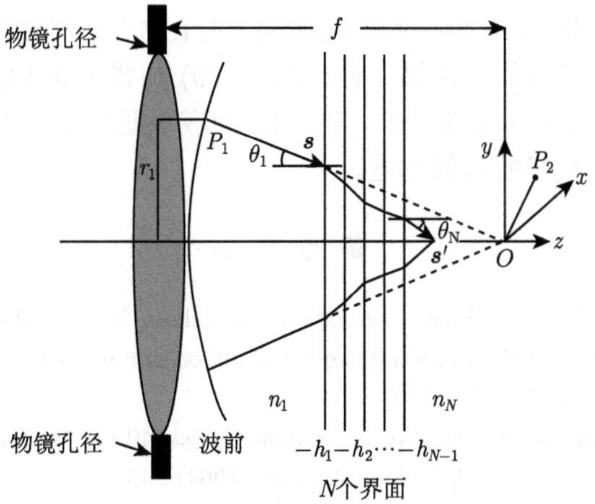

图 6.6.2 入射波在多界面处的聚焦示意图

其中，

$$\begin{aligned}I_0^N=&\int_0^\alpha P(\theta_1)\sin\theta_1(T_\mathrm{s}^{N-1}+T_\mathrm{p}^{N-1}\cos\theta_N)\exp\left[-\mathrm{i}k_0\varPhi(\theta_1)\right]\\&\times\mathrm{J}_0(k_1r_2\sin\theta_1)\exp(-\mathrm{i}k_Nz_2\cos\theta_N)\mathrm{d}\theta_1\end{aligned}\tag{6.6.23}$$

$$\begin{aligned}I_1^N=&\int_0^\alpha P(\theta_1)\sin\theta_1(T_\mathrm{p}^{N-1}\sin\theta_N)\exp\left[-\mathrm{i}k_0\varPhi(\theta_1)\right]\\&\times\mathrm{J}_1(k_1r_2\sin\theta_1)\exp(-\mathrm{i}k_Nz_2\cos\theta_N)\mathrm{d}\theta_1\end{aligned}\tag{6.6.24}$$

$$\begin{aligned}I_2^N=&\int_0^\alpha P(\theta_1)\sin\theta_1(T_\mathrm{s}^{N-1}-T_\mathrm{p}^{N-1}\cos\theta_N)\exp\left[-\mathrm{i}k_0\varPhi(\theta_1)\right]\\&\times\mathrm{J}_2(k_1r_2\sin\theta_1)\exp(-\mathrm{i}k_Nz_2\cos\theta_N)\mathrm{d}\theta_1\end{aligned}\tag{6.6.25}$$

其中，

$$\varPhi(\theta_1)=-h_1n_1\cos\theta_1+h_{N-1}n_N\cos\theta_N\tag{6.6.26}$$

在式 (6.6.23) ~ 式 (6.6.25)，T_p^{N-1} 和 T_s^{N-1} 分别为相对于入射平面 (包括界面法线) 平行偏振和垂直偏振的通过 $N-1$ 界面的振幅透射系数。它们贡献了额外的

像差，其表达式可从列出的文献 [6.12] 中找到，最终 N 个界面造成的像差函数可表示为

$$\Phi(\theta_1) = -h_1 n_1 \cos\theta_1 + h_{N-1} n_N \cos\theta_N + \sum_{j=2}^{N-1} (h_{j-1} - h_j) n_j \cos\theta_j \qquad (6.6.27)$$

如预期的那样，如果 $N = 2$，对于 $h_1 = d$，式 (6.6.27) 简化为式 (6.6.13)。需要指出的是，当物镜的数值孔径很小时，式 (6.5.9) 与式 (6.6.14)、式 (6.6.14) 与式 (6.6.22) 之间的差异可以忽略不计。事实上，在傍轴近似下，式 (6.2.21) 的结果是平面波聚焦的一个很好的近似描述。

参考文献

[6.1] J. Stamnes, *Waves in Focal Regions* (Adam Hilgar, Bristal, 1986).

[6.2] M. Born and E. Wolf, *Principles of Optics* (Pergamon, New York, 1980).

[6.3] M. Gu, *Optik*, 102 (1996) 120.

[6.4] C. J. R. Sheppard and M. Gu, *J. Modem Optics*, 40 (1993) 1631.

[6.5] C. W. McCutchen, *J. Opt. Soc. Am.*, 54 (1964) 240.

[6.6] C. J. R. Sheppard, M. Gu, Y. Kawata, and S. Kawata, *J. Opt. Soc. Am. A*, 11, (1994) 593.

[6.7] I. S. Gradstein and I. Ryshik, *Tables of Series, Products, and Integrals* (Herri Deutsch, Frankfurt, 1981) .

[6.8] S.M. Block, *Nature*, 360 (1992) 493.

[6.9] P. Ke and M. Gu, *J. Modem Optics*, 45 (1998) 2159.

[6.10] D. Day and M. Gu, *Applied Optics*, 37 (1998), 6299.

[6.11] P. Török, P. Varga, Z. Laczik, and G. R. Booker, *J. Opt. Soc. Am. A*, 12 (1996) 325.

[6.12] P. Török and P. Varga, *Applied Optics*, 36 (1991) 2305.

第 7 章　有像差成像

实际应用中，所有成像系统都有像差。在几何光学中，像差是指点光源的光线经透镜折射后无法会聚到一点，而在波动光学中，这即意味着光波前在经过透镜后并不是一个球面。像差可能是由透镜或透镜系统的设计不完善造成的。因此，像差在高数值孔径物镜中变得更加明显。即使是无像差的物镜或系统，也可能在特定的光学器件组合中产生像差。例如，在共聚焦显微镜系统中，当探测器放置在离轴位置时，会产生像差 [7.1]。另一个例子是，当光束被高数值孔径物镜聚焦到折射率与浸没材料不同的介质中时，可能会产生像差。在 7.1 节中将推导存在像差的物镜点扩散函数的表达式。7.2 节解释将像差函数扩展为泽尼克多项式的意义。7.3 节将通过泽尼克多项式定义初级像差。在 7.4 节中，描述初级像差的两个容差条件。7.5 节将给出在高数值孔径物镜中由折射率不匹配引起的像差。7.6 节将讨论高数值孔径物镜的另一个像差源与物镜工作时的管长的变化关系。

7.1　有像差的衍射积分

如果一个物镜存在像差，则需要对在 6.1 节中研究的衍射积分进行修正。

7.1.1　存在像差的德拜积分

由于像差的存在，衍射孔径上的波前 W 不一定是球面。但相对于成像系统轴线上的波前中心 C，总是可以创建一个球形参考面。为了构造这样一个参考面，我们构建一个与成像系统光轴横向距离为 Y_0 的点光源 P_0，如图 7.1.1 所示。图中点光源 P_0^* 被设置在与系统光轴横向距离为 Y_0^* 处。设 C 与 P_0^* 之间的距离为 R，建立一个球面 S_s，它与轴线相交于点 C。球面参考面 S_s 与孔径对应波前的差值称为像差。我们可以引入一个函数来量化参考面上的任意点 P_1 的像差。延伸点 P_1 与观测点 P_2 之间的连线与波前相交于点 P_1^*，则路径差 $P_1^*P_1$ 表示为

$$\Phi = P_1^*P_1 \tag{7.1.1}$$

这是关于点 P_1^* 位置的函数，称为成像系统的像差函数。

P_0^* 是点光源的像，则参考球面 P_1 处的光场可以表示为关于 P_0^* 的光场：

$$U(P_1) = \frac{P(P_1)\exp(\mathrm{i}kR)}{R} \tag{7.1.2}$$

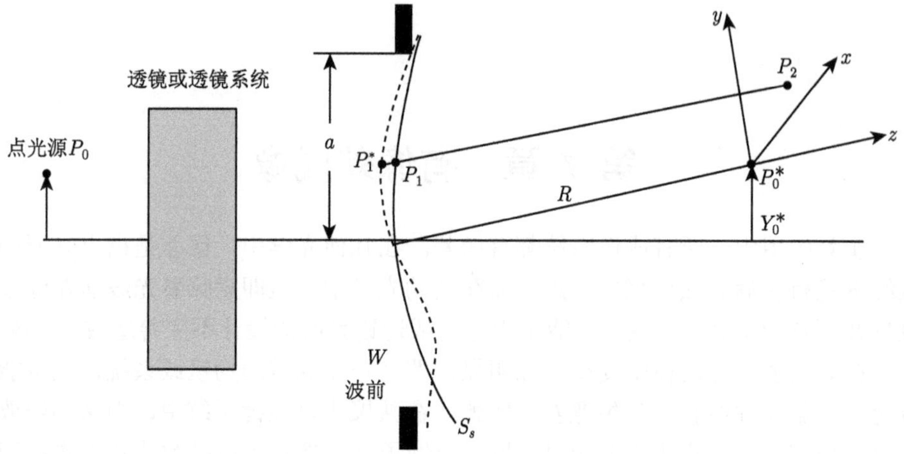

图 7.1.1　有像差的物镜聚焦

式中，$\dfrac{\exp(\mathrm{i}kR)}{R}$ 表示收敛于点 P_0^* 的球面波。因为 $P_1^*P_1$ 间距与光照波长量级相同，点 P_1 可以近似为点 P_1^*。因此，式 (7.1.2) 给出了波前上点 P_1^* 的近似场，而 $P(P_1)$ 是孔径或透镜的瞳函数，代表波前的场。

由于存在像差函数，从波前面上 P_1^* 点到观测点 P_2 的球面小波可以表示为

$$\frac{\exp[-\mathrm{i}k(r+\varPhi)]}{r+\varPhi} \tag{7.1.3}$$

式中，r 为 P_1 与 P_2 之间的距离。因子 $k\varPhi$ 为像差引起的相位变化，k 为物镜在浸没介质中的波数。在大多数实际情况下，r 比 $\varPhi$ 大得多，故可以忽略式 (7.1.3) 分母中的 $\varPhi$。将式 (7.1.2) 代入式 (6.1.2)，将式 (6.1.2) 中的 $\exp(-\mathrm{i}kr)/r$ 替换成 $\exp[-\mathrm{i}k(r+\varPhi)]/r$ 来表示在 P_2 处几何焦点区域的光场:

$$U(P_2)=\frac{\mathrm{i}}{\lambda_0}\iint_{\varSigma}P(P_1)\exp(-\mathrm{i}k\varPhi)\frac{\exp[\mathrm{i}k(R-r)]}{Rr}\cos(\boldsymbol{n}\cdot\boldsymbol{r})\mathrm{d}S \tag{7.1.4}$$

上式中，积分是在球参考面上进行的。由此可见，该成像系统可以引入一种形式如下的瞳函数：

$$P'(P_1)=P(P_1)\exp(-\mathrm{i}k\varPhi) \tag{7.1.5}$$

考虑到式 (7.1.4) 中的距离 R 与式 (6.2.2) 中的 f 作用相同，我们可以使用 6.2.1 节中的德拜近似来简化式 (7.1.4)。最后，有像差存在的德拜积分形式与式 (6.2.6) 相同，只是用 $P'(P_1)$ 代替了 $P(P_1)$。使用与 6.2.2 节相同的方法，可以进一步对式 (7.1.4) 进行化简，最终对于径向对称物镜得到

$$
\begin{aligned}
&U(r_2,\psi,z_2)\\
=&\frac{\mathrm{i}}{\lambda}\iint\limits_{\Omega} P(\theta)\exp(-\mathrm{i}k\varPhi)\exp[-\mathrm{i}kr_2\sin\theta\cos(\varphi-\psi)-\mathrm{i}kz_2\cos\theta]\sin\theta\mathrm{d}\theta\mathrm{d}\varphi
\end{aligned} \tag{7.1.6}
$$

积分在孔径对应的立体角 Ω 内进行，极坐标与图 7.1.1 中的坐标系 x-y-z 有关。

如果衍射孔径/物镜对应的最大立体角 Ω 不大，则可以在公式 (7.1.6) 中做傍轴近似，此时式 (7.1.6) 变为

$$
\begin{aligned}
&U(v,\psi,u)\\
=&\frac{\mathrm{i}a^2}{\lambda R^2}\exp(-\mathrm{i}kz)\int_0^1\int_0^{2\pi}P(\rho)\exp(-\mathrm{i}k\varPhi)\exp\left[-\mathrm{i}v\rho\cos(\varphi-\psi)+\frac{\mathrm{i}u\rho^2}{2}\right]\rho\mathrm{d}\rho\mathrm{d}\varphi
\end{aligned} \tag{7.1.7}
$$

这里我们使用如下的近似：

$$\sin\theta\approx\theta\approx\frac{r_1}{R} \tag{7.1.8}$$

v 和 u 的定义由式 (6.2.16) 给出。

7.1.2 斯特列尔强度

由于式 (7.1.7) 中存在像差，所以 $v=u=0$ 处的强度难以获得最大值。为了描述这一现象，我们引入了斯特列尔 (Strehl) 强度的概念 [7.2]。让我们先考虑 $v=u=0$ 时无畸变的强度：

$$I_{wa}\propto|U(0,\psi,0)|^2=\pi^2\left(\frac{a^2}{\lambda R^2}\right)^2 \tag{7.1.9}$$

如果在式 (7.1.7) 中 $P(\rho)=1$，则归一化强度可以定义为

$$i(v,\psi,u)=\frac{I}{I_{wa}} \tag{7.1.10}$$

其中，I 为存在像差时的光强，与式 (7.1.7) 的模量的平方成正比。$i(v,\psi,u)$ 的最大值称为斯特列尔强度。将式 (7.1.7) 代入式 (7.1.10) 可得

$$i(v,\psi,u)=\frac{1}{\pi^2}\left|\int_0^1\int_0^{2\pi}P(\rho)\exp(-\mathrm{i}k\varPhi)\exp\left[-\mathrm{i}v\rho\cos(\varphi-\psi)+\frac{\mathrm{i}u\rho^2}{2}\right]\rho\mathrm{d}\rho\mathrm{d}\varphi\right|^2 \tag{7.1.11}$$

$i(v,\psi,u)$ 最大的位置对应为衍射焦点。需要指出的是，在存在像差的情况下，$i(v,\psi,u)$ 的最大值比 1 小。当像差较大时，可能会有几个位置的强度具有相同的最大值。

7.2　像差函数的展开

对于像差函数 Φ，很难给出一般的表达式。但是如前所述，像差函数的大小与照明波长在一个数量级。这样，一个像差函数可以展开成一个级数的叠加。

7.2.1　位移定理

假设像差函数 Φ 是 ρ 和 φ 的函数，可以构造形式如下的像差函数：

$$\Phi' = \Phi + H\rho^2 + K\rho\cos\varphi + L\rho\sin\varphi + M \tag{7.2.1}$$

其中，H, K, L, M 都为常数，我们可以证明 [7.2]：

$$i(v, \psi, u) = i(v', \psi', u') \tag{7.2.2}$$

其中，$i(v, \psi, u)$ 和 $i(v', \psi', u')$ 分别为存在像差函数 Φ 和 Φ' 时的斯特列尔强度。式 (7.2.2) 表示像差函数 Φ 被 Φ' 替代时，强度分布不发生变化，除非出现下式所示的变化：

$$\begin{cases} u' = u + 2kH \\ v'\cos\psi' = v\cos\psi - kK \\ v'\sin\psi' = v\sin\psi - kL \end{cases} \tag{7.2.3}$$

式 (7.2.3) 中的第一个关系是线性关系，因此新的衍射图样与旧的相同，但偏移了 $2kH$。式 (7.2.3) 中的第二和第三个关系式表明，新的衍射图样相对于旧的衍射图样发生了横向位移。

7.2.2　泽尼克圆多项式

一个像差函数通常是三个自变量的函数。在傍轴近似条件下，可以选择 Y_0^* (图 7.1.1)，ρ 和 φ 作为变量。因此像差函数可以展开为 [7.2]

$$\Phi(Y_0^*, \rho, \varphi) = \sum_l \sum_n \sum_m a_{lnm} Y_0^{*2l+m} R_n^m(\rho)\cos(m\varphi) \tag{7.2.4}$$

其中，l, n, m 都为整数；$R_n^m(\rho)$ 表示满足单位圆上具有正交性的泽尼克圆多项式 [7.2]。

若 $m = 0$，则像差函数 Φ 与角度变量 φ 无关，因此，我们可以展开为

$$\Phi(Y_0^*, \rho) = \sum_l \sum_n a_{ln} Y_0^{*2l} R_n^0(\rho) \tag{7.2.5}$$

这种像差函数称为球差函数。当光源的位置已知时，Y_0^* 是常数。在这种情况下，可以将式 (7.2.5) 改写为

$$\Phi(\rho) = \sum_n A_{n0} R_n^0(\rho) \tag{7.2.6}$$

这里，n 表示球差的阶数。

在式 (7.2.4) 中使用上述展开式的一个优点是，它包含了不同阶的像差之间可能的平衡，因此可以得到最大强度 $i(v,\psi,u)$[7.2]。如若

$$\Phi(\rho) = A'_{60}\rho^6 \tag{7.2.7}$$

上式表示六阶球差，我们可以引入确定的四阶球差 $\Phi(\rho) = A'_{40}\rho^4$ 和一个离焦项 (即二阶球差)$\Phi(\rho) = A'_{20}\rho^2$ 来增加斯特列尔强度。若 A'_{20}、A'_{40}、A'_{60} 都很小，则平衡条件为 [7.2]

$$\begin{cases} \dfrac{A'_{40}}{A'_{60}} = -\dfrac{3}{2} \\ \dfrac{A'_{20}}{A'_{60}} = \dfrac{3}{5} \end{cases} \tag{7.2.8}$$

7.3 初级像差

本节只给出了初级像差的定义和与这些像差相关的总结结果。如果读者对推导的详细过程感兴趣，可以从列出的参考文献 [7.2] 中找到。

7.3.1 初级像差的定义

初级像差也称为赛德尔像差 (Seidel aberration)，由施瓦西 (Schwarzchild) 提出 [7.2]。它们是式 (7.2.4) 展开式中满足以下条件的项：

$$2l + m + n = 4 \tag{7.3.1}$$

既然对于给定的光源，Y_0^* 是一个常数，我们令

$$A_{lnm} = a_{lnm} Y_0^{*2l+m} \tag{7.3.2}$$

因此初级像差即为以下的形式：

$$\Phi(\rho,\varphi) = \varepsilon_{nm} A_{lnm} R_n^m(\rho)\cos(m\varphi) \tag{7.3.3}$$

或

$$\Phi(\rho,\varphi) = A'_{lnm}\rho^n \cos^m\varphi \tag{7.3.4}$$

其中，A'_{lnm} 可以根据 $R_n^m(\rho)$ 和 A_{lnm} 的形式确定，ε_{nm} 的定义如下：

$$\varepsilon_{nm}=\begin{cases}1, & m\neq 0\\ 1/\sqrt{2}, & m=0,n\neq 0\end{cases} \tag{7.3.5}$$

7.3.2　初级像差的表示

1. *初级球差*

初级球差的定义如下：

$$l=0,\quad n=4,\quad m=0 \tag{7.3.6}$$

它也称为四阶球差。由于 $l=m=0$，初级球差是径向对称的。初级球差的表达式为

$$\Phi(\rho)=\frac{1}{\sqrt{2}}A_{040}R_4^0(\rho)=\frac{1}{\sqrt{2}}A_{040}(6\rho^4-6\rho^2+1) \tag{7.3.7}$$

或

$$\Phi(\rho)=A'_{040}\rho^4 \tag{7.3.8}$$

式 (7.3.7) 和式 (7.3.8) 的区别在于，前者包括离焦项和一个常相位，根据位移定理，两者均不影响焦区附近的分布。式 (7.3.8) 中初级球差函数的示意图如图 7.3.1 所示，其中 $\rho^2=x^2+y^2$。

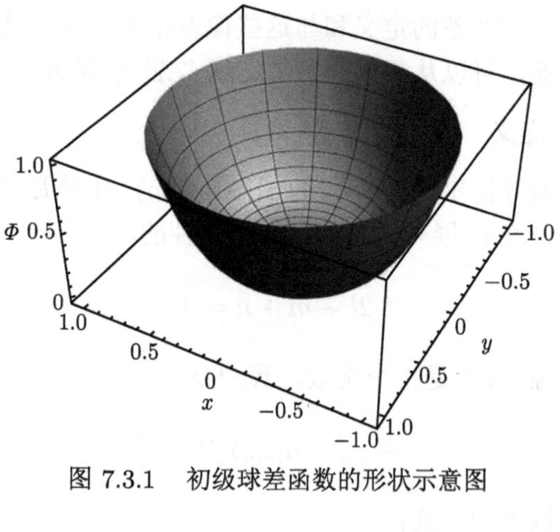

图 7.3.1　初级球差函数的形状示意图

将式 (7.3.8) 代入式 (7.1.11)，如果 A'_{040} 不是很大，可得衍射焦点的最大强度位置 (即衍射焦点位置)。

$$x_F=0,\quad y_F=0,\quad z_F=2\left(\frac{R}{a}\right)^2A'_{040} \tag{7.3.9}$$

这里，a 是透镜的半径；R 是图 7.1.1 中参考球的半径。式 (7.3.9) 表明，在存在初级球差的情况下，衍射斑仍在光轴上，但发生了位移。

2. 初级彗差

初级彗差的定义如下：

$$l = 0, \quad n = 3, \quad m = 1 \tag{7.3.10}$$

在这种条件下，式 (7.3.3) 和式 (7.3.4) 可分别简化为

$$\Phi(\rho, \varphi) = A_{031} R_3^1(\rho) \cos\varphi = A_{031}(3\rho^3 - 2\rho)\cos\varphi \tag{7.3.11}$$

和

$$\Phi(\rho, \varphi) = A'_{031} \rho^3 \cos\varphi \tag{7.3.12}$$

虽然式 (7.3.12) 中的像差函数不是径向对称的，但由于受 $\cos\varphi$ 项的影响，它是关于 x 轴对称的。式 (7.3.12) 的示意图如图 7.3.2 所示。

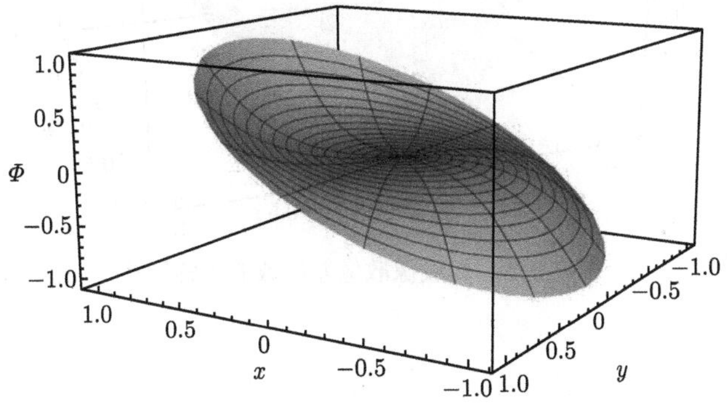

图 7.3.2　初级彗差函数的示意图

将式 (7.3.12) 代入式 (7.1.11)，若 A'_{031} 不是很大，我们可以找到衍射焦点的位置：

$$x_F = \frac{2}{3}\left(\frac{R}{a}\right) A'_{031}, \quad y_F = 0, \quad z_F = 0 \tag{7.3.13}$$

从式 (7.3.12) 和式 (7.1.11) 的对称性可以看出，衍射焦点发生了横向位移。

3. 初级像散

初级像散的定义如下：

$$l = 0, \quad n = 2, \quad m = 2 \tag{7.3.14}$$

在这种条件下，像差函数表示如下：

$$\Phi(\rho,\varphi)=A_{022}R_2^2(\rho)\cos^2\varphi=A_{022}\rho^2(2\cos^2\varphi-1) \tag{7.3.15}$$

$$\Phi(\rho,\varphi)=A'_{022}\rho^2\cos^2\varphi \tag{7.3.16}$$

如图 7.3.3 所示。虽然式 (7.3.16) 中初级像散的像差函数依赖于角 φ，但是 $\cos\varphi$ 的平方项使得衍射焦点在轴上。将式 (7.3.16) 代入式 (7.1.11)，如果 A_{022} 不是很大，则

$$x_F=0,\quad y_F=0,\quad z_F=\left(\frac{R}{a}\right)^2A'_{022} \tag{7.3.17}$$

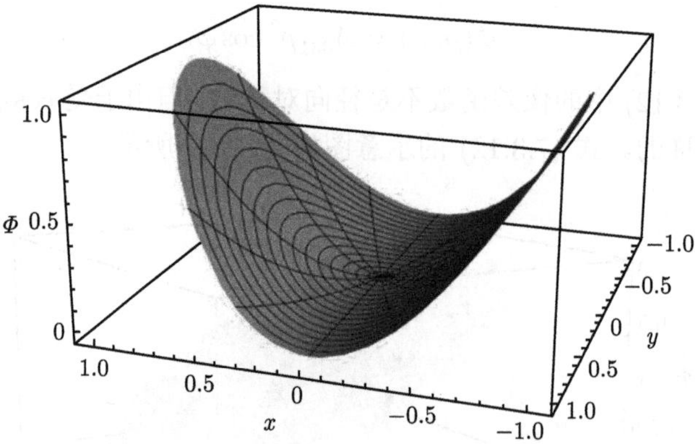

图 7.3.3　初级像散像差函数的图解形状

4. 场曲

这种类型的初级像差可定义为

$$l=1,\quad n=2,\quad m=0 \tag{7.3.18}$$

对应的像差函数为

$$\Phi(\rho)=\frac{1}{\sqrt{2}}A_{120}R_2^0(\rho)=\frac{1}{\sqrt{2}}A_{120}\left(2\rho^2-1\right) \tag{7.3.19}$$

或

$$\Phi(\rho)=A'_{120}\rho^2 \tag{7.3.20}$$

像差函数简单地表示沿径向的二次相位变化 (图 7.3.4)，很大程度地导致了透镜波前的弯曲。由于像差函数是径向对称的，所以衍射图样也是径向对称的。此外，

根据位移定理，除了轴向位移外，焦区的强度分布与无像差情况下相同。因此，焦点位置由下式给出：

$$x_F = 0, \quad y_F = 0, \quad z_F = 2\left(\frac{R}{a}\right)^2 A'_{120} \tag{7.3.21}$$

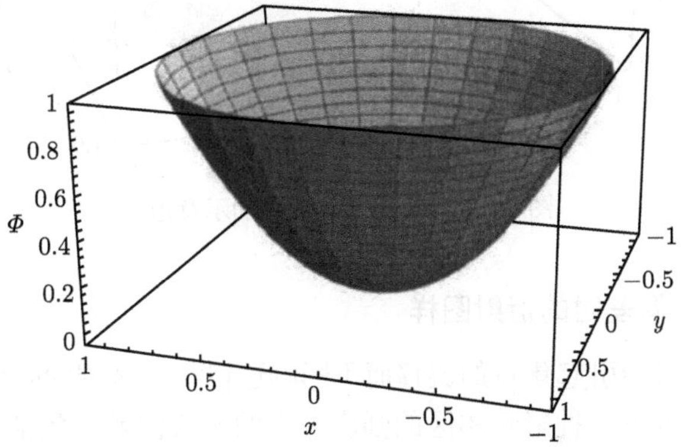

图 7.3.4　场曲的像差函数的示意形状

5. 畸变

初级像差的畸变由以下条件得到

$$l = 1, \quad n = 1, \quad m = 1 \tag{7.3.22}$$

其像差函数可以表示为

$$\Phi(\rho, \varphi) = A_{111} R_1^1(\rho) \cos\varphi = A_{111} \rho \cos\varphi \tag{7.3.23}$$

或

$$\Phi(\rho, \varphi) = A'_{111} \rho \cos\varphi \tag{7.3.24}$$

尽管像差函数受角度 φ 的影响 (图 7.3.5)，但根据位移定理，聚焦区域的强度分布与像差情况相同，焦点位置发生了横向位移：

$$x_F = \left(\frac{R}{a}\right) A'_{111}, \quad y_F = 0, \quad z_F = 0 \tag{7.3.25}$$

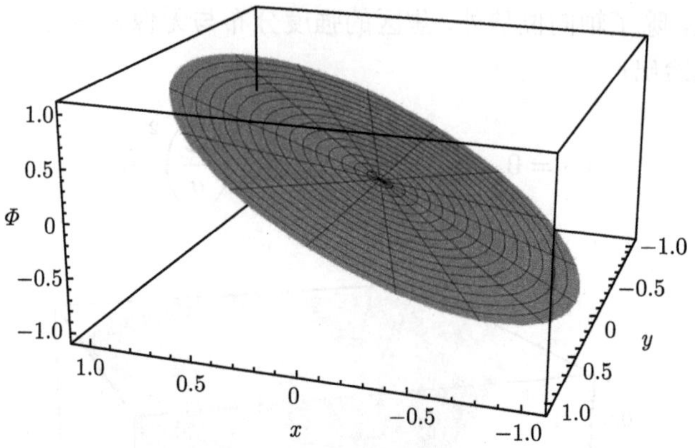

图 7.3.5 畸变像差函数的示意形状

7.3.3 存在初级像差时的衍射图样

场曲和畸变只会引起焦点的偏移而不影响透镜焦点区域的强度分布，而我们将在这一节仅讨论以下三种影响焦区的强度分布的初级像差，包括初级球差 $\Phi(\rho) = A'_{040}\rho^4$，初级彗差 $\Phi(\rho,\varphi) = A'_{031}\rho^3\cos\varphi$，初级像散 $\Phi(\rho,\varphi) = A'_{022}\rho^2\cos^2\varphi$。

对于初级球差 $\Phi(\rho) = A'_{040}\rho^4$，轴向面的强度分布如图 7.3.6 所示。存在初级球差时的光强分布是径向对称的，因此只绘制了 v-u 平面上的光强分布。对于弱像差的情况，例如 $A'_{040} = 0.25\lambda$，衍射焦点向轴的正方向移动，如式 (7.3.9) 所示。

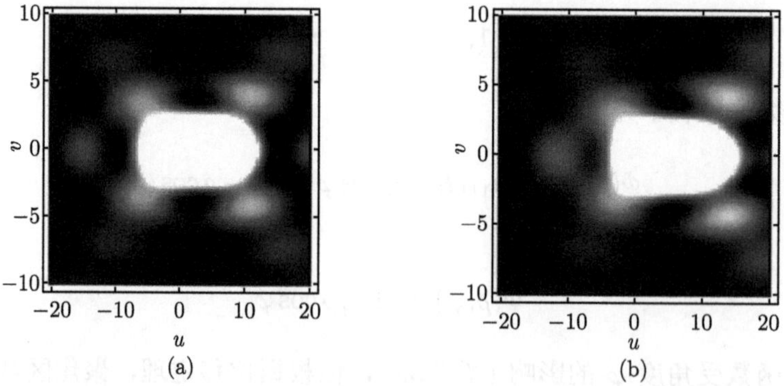

图 7.3.6 存在初级球差 $\Phi(\rho) = A'_{040}\rho^4$ 时包括光轴 z 在内的轴平面上的光强分布；绘图范围在归一化强度的 0 和 0.1 范围内：(a) $A'_{040} = 0.25\lambda$；(b) $A'_{040} = 0.5\lambda$

与图 3.2.4(b) 相比，在无像差情况下，图 7.3.6(a) 的整体强度分布没有明显变化。然而，如果四阶球差系数进一步增大，光强分布的畸变就变得明显，在 $z = z_F$ 处衍射焦点的光强明显减小。

在图 7.3.7 中，绘制了几何焦平面 ($z=0$) 存在初级彗差时的强度分布。与图3.2.4(a) 相比，在 $A'_{031}=0.25\lambda$ 时 (图 7.3.7(a))，强度分布略有扭曲；根据式(7.3.13)，衍射焦点向 x 轴正方向移动。增加像差系数进一步导致了明显的焦点偏移和衍射焦点强度的降低。

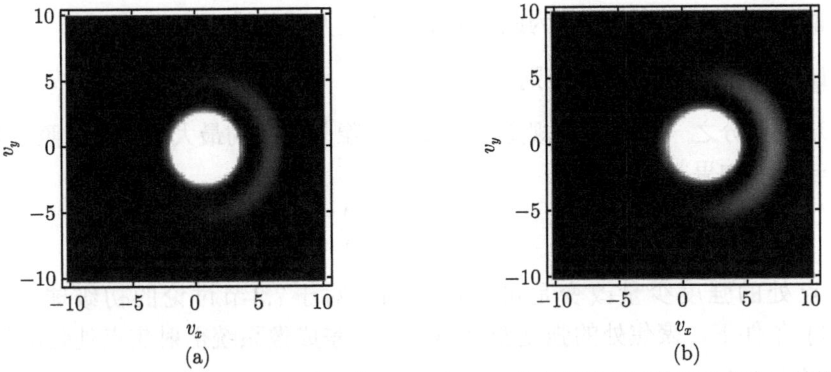

图 7.3.7 存在初级彗差 $\Phi(\rho,\varphi)=A'_{031}\rho^3\cos\varphi$ 时 z=0 处几何焦平面的光强分布；绘图范围在归一化强度的 0 和 0.1 范围内：(a) $A'_{031}=0.25\lambda$；(b) $A'_{031}=0.5\lambda$

初级像散对焦区光强分布的影响是复杂的。除了式 (7.3.17) 所给出的衍射焦点的轴向焦移外，在几何焦平面上还存在 x 方向的强度分散。图 7.3.8 展示了这一特征。

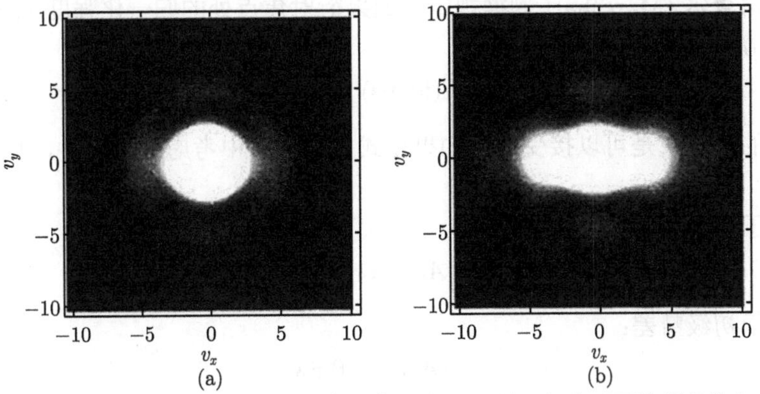

图 7.3.8 存在初级像散 $\Phi(\rho,\varphi)=A'_{022}\rho^2\cos^2\varphi$ 时 z=0 处几何焦平面的强度分布；绘图范围在归一化强度的 0 和 0.1 范围内：(a) $A'_{022}=0.25\lambda$；(b) $A'_{022}=0.5\lambda$；v_x 和 v_y 表示横截面上的两个正交方向

7.4　初级像差的容限条件

正如在 7.3 节中所演示的，像差的存在会影响焦区的光分布，从而影响图像质量。当评价光学成像系统的性能时，人们可能会问成像系统的像差有多大。评价成像系统的一种方法是计算存在像差时焦区的光强分布，并将其与无像差成像系统的光强分布进行比较。为此，需要一个规则或标准。

7.4.1　瑞利四分之一波长准则

瑞利四分之一波长准则规定，如果一个像差函数的最大值小于光照波长的四分之一，即如果

$$|\varPhi_{\max}| \leqslant \frac{\lambda}{4} \tag{7.4.1}$$

则焦点处的强度少量改变是可以接受的。对于7.3节讨论的初级球差，在式 (7.4.1) 条件下，聚焦处的强度变化小于无像差成像系统衍射焦点处强度的 20% (图 7.3.6)。

需要注意的是，焦点处的强度不仅取决于目标波前的最大变形，还取决于波前的形状。因此，三个初级像差 (初级球差、初级彗差、初级像散) 的衍射焦点的真实强度变化在给定的最大波前变形量下是不同的。实际上，可以接受的光的损失也取决于使用的工具，例如它取决于探测器的灵敏度。

7.4.2　马雷查尔判据

马雷查尔 (Marechal) 判据规定，如果衍射焦点处的归一化强度 $i\,(v,\psi,u)$ 大于等于 0.8，即如果

$$i(\text{focus}) \geqslant 0.8 \tag{7.4.2}$$

则相应的畸变量是可以接受的。如果在式 (7.1.11) 中考虑这个条件，我们有以下关系。

对于初级球差：

$$|A'_{040}| \leqslant 0.94\lambda \tag{7.4.3}$$

对于初级彗差：

$$|A'_{031}| \leqslant 0.6\lambda \tag{7.4.4}$$

对于初级像散：

$$|A'_{022}| \leqslant 0.35\lambda \tag{7.4.5}$$

7.5 折射率不匹配引起的像差

在 6.6 节中，已推导出平面波通过介质面聚焦时焦区的衍射图样 [7.3,7.4]。其中一个结果是，平面介质折射率的不匹配导致了如式 (6.6.27) 所示的像差函数。换句话说，即使对于无像差物镜或无像差物镜系统，像差也可能是由成像过程产生的。注意到式 (6.6.27) 中的像差函数仅与入射角有关，而入射角又与通过孔径 $r = fg(\theta_1)$ 的径向坐标 r 有关 (参见式 (6.3.1))，我们将式 (6.6.27) 中的像差称为球差。这种由折射率不匹配引起的像差，会对激光捕获 [7.5]、三维光学数据存储 [7.6] 或共聚焦显微镜 [7.1, 7.7] 产生显著影响。

7.5.1 介质界面引起的球差

当只考虑一个界面时，式 (6.6.27) 中的像差函数降为式 (6.6.13)。在成像过程中，有几个因素决定了式 (6.6.13) 的强度。

首先，式 (6.6.13) 与第二介质中焦点的深度 d 成正比。换句话说，如果给定物镜的数值孔径，像差的影响在较深的位置变得更强 (即聚焦的位置越深入样品，则像差的影响越强)。

其次，对于给定的深度 d，像差可以是正的，也可以是负的，这取决于两种介质的折射率 n_1 和 n_2。图 7.5.1 给出了用 d 归一化的式 (6.6.13) 在不同情况下的像差函数。第一种情况是空气 ($n_1 = 1$) 和用于三维数据存储 [7.6] 的光致变色聚合物 ($n_2 = 1.59$) 之间的界面。在这种情况下，像差随入射角的增大而明显增大。如果是浸没于油介质 ($n_1 = 1.518$)，直到入射角等于 60° 时，像差才有明显的变化 (见图 7.5.1 中的情况 2)，60° 是数值孔径 1.3 的物镜的最大收敛角。然而，如果使用数值孔径为 1.4 的物镜，折射率不匹配引起的像差影响是不可忽视的，尤其是在共焦显微镜的情况下 [7.7]。第三种情况是浸油 (n_1=1.518) 与盖玻片 (n_2=1.5) 之间的界面。由于 $n_1 > n_2$，图 7.5.1 曲线 3 中的像差函数被全内反射条件终止 [7.2]。由于折射率近似匹配，在物镜最大收敛角之前，像差可以忽略不计。最后一种情况对应于盖玻片 ($n_1 = 1.5$) 和水 ($n_2 = 1.33$) 之间的界面。因为生物组织的折射率接近于水的折射率，所以这种情况可以被认为是将生物样本夹在盖玻片和载玻片之间成像。图 7.5.1 中的曲线 4 也通过全内反射终止。可以看出，折射率不匹配引起的像差比空气与玻璃界面 (曲线 1) 的像差小，但当聚焦深度 d 变大时，像差也不能忽略。

式 (6.6.13) 的正负值表示波前通过界面后是否延迟。在 $n_1 > n_2$ 情况下 (图 7.5.2)，在界面上折射后，波前的移动比折射前更快，从而导致更大的曲率。因此，它被聚焦在几何焦点之前。对于 $n_1 < n_2$(图 7.5.3)，波前折射后的传播速度比折射前更慢。最后，衍射焦点位于几何焦点之外。

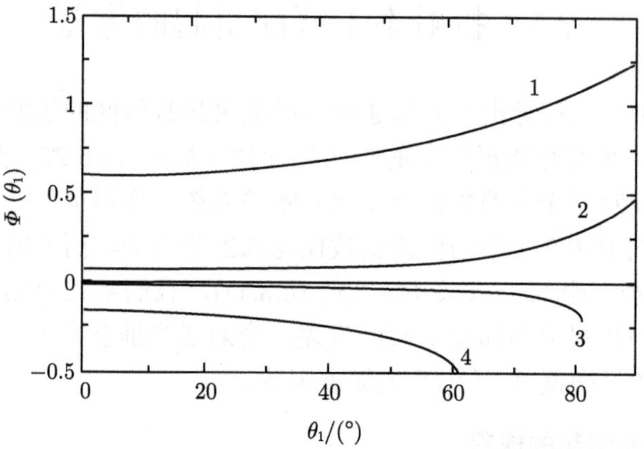

图 7.5.1　公式 (6.6.13) 的归一化像差函数，Φ/d，作为入射角 θ_1 的函数。情况 1: $n_1=1$(空气) 和 $n_2=1.59$；情况 2: $n_1=1.518$(油) 和 $n_2=1.59$；情况 3: $n_1=1.518$(油) 和 $n_2=1.5$(玻璃)；情况 4: $n_1=1.5$(玻璃) 和 $n_2=1.33$(水)

从图 7.5.2 和图 7.5.3 可以看出，不同入射角的光线在轴上聚焦的位置不同。这一特征意味着衍射光分布沿轴向增大，这是由于式 (6.6.13) 中所给出的球差的存在。图 7.5.4 给出了波长 760 nm 处的 r-z 平面的衍射图样。物镜的数值孔径为 0.85，从空气 ($n_1=1$) 聚焦到光致变色聚合物 ($n_2=1.59$)。图 7.5.1 曲线 1 给出了相应的像差函数。在计算中，式 (6.6.13) 只使用了式 (6.6.15) 中的积分 I_0，但是因为目标的数值孔径不大，所以图 7.5.4 与完全展开的式 (6.6.14) 的计算结果相差不大。

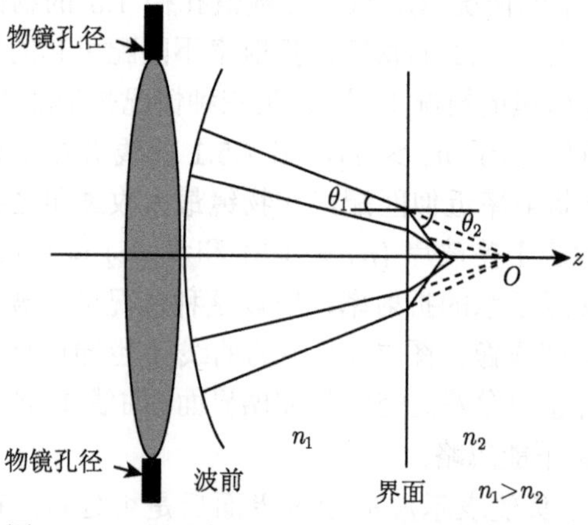

图 7.5.2　平面波通过 $n_1>n_2$，O 是几何焦点

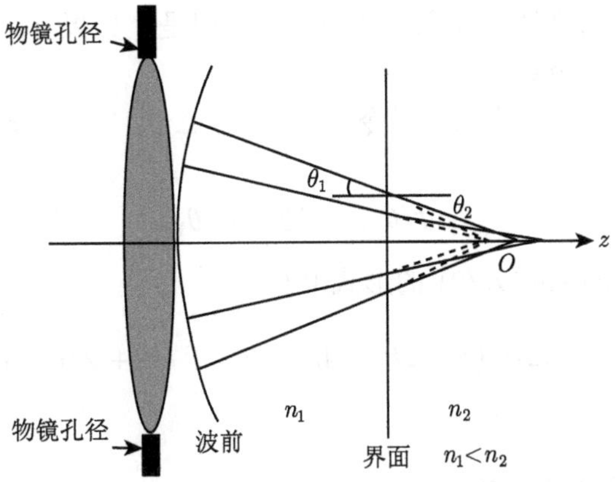

图 7.5.3 平面波通过 $n_1<n_2$，O 是几何焦点

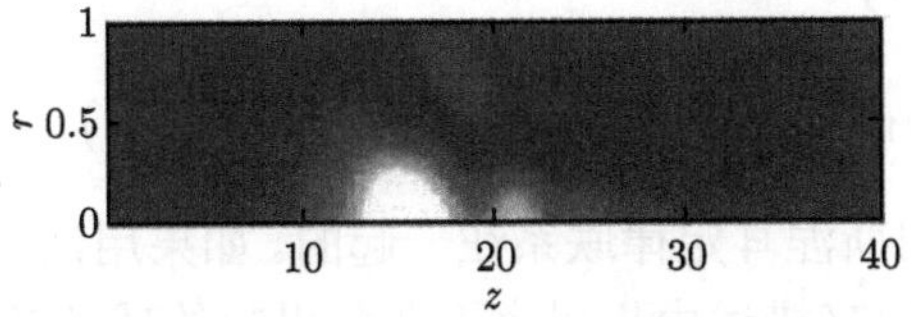

图 7.5.4 数值孔径为 0.85 的干物镜在 r-z 平面 (微米尺度) 上的衍射图样

值得注意的是

$$\begin{cases} \cos^2\dfrac{\theta}{2}=\dfrac{1+\cos\theta}{2} \\ \sin^2\dfrac{\theta}{2}=\dfrac{1-\cos\theta}{2} \end{cases} \tag{7.5.1}$$

我们可以把式 (6.6.13) 写成

$$\varPhi(\theta_1)=d\left[n_2\sqrt{1-4\left(\frac{n_1}{n_2}\right)^2\sin^2\frac{\theta_1}{2}\left(1-\sin^2\frac{\theta_1}{2}\right)}-n_1\left(1-2\sin^2\frac{\theta_1}{2}\right)\right] \tag{7.5.2}$$

如果 $n_1<n_2$，则式 (7.5.2) 可以展开成 $\sin(\theta_1/2)$ 的幂级数。展开式的前四项如下：

$$\varPhi(\theta_1)=d\left[(n_2-n_1)+2(n_1-an_2)t^2+2\left(a-a^2\right)n_2t^4+4a\left(a-a^2\right)n_2t^6+\cdots\right] \tag{7.5.3}$$

其中，$t=\sin(\theta_1/2)$ 和 $a=(n_1/n_2)^2$，这样展开的好处是，散焦项在 t^2 中表示为单个项 (参见式 (6.2.17))。因此，除了常数相位项 (第一项) 和散焦项 (第二项) 外，第三项和第四项是初级像差和六阶球面像差。但是，如果 $n_1 > n_2$，则式 (7.5.2) 不能展开成一个收敛级数。

如果折射率差很小，我们可以令 $n_2 = n_1 + \Delta n$。当 $\Delta n < n_1$ 时，式 (6.6.13) 可近似表示为

$$\Phi(\theta_1) = d\Delta n \sec\theta_1 \tag{7.5.4}$$

可以展开成一系列的 $\sin(\theta_1/2)$ 的形式 [7,7]：

$$\Phi(\theta_1) = d\Delta n \left(1 + 2t^2 + 4t^4 + 8t^6 + \cdots + 2^n t^{2n} + \cdots\right) \tag{7.5.5}$$

其中，n 是整数。

7.5.2　由盖玻片导致的球差

考虑折射率为 n_1，n_2 和 n_3 的三种平面介质形成两种界面。此时，像差函数可由式 (6.6.27) 表示为

$$\Phi(\theta_1) = -h_1 n_1 \cos\theta_1 + h_2 n_3 \cos\theta_3 + (h_1 - h_2)\, n_2 \cos\theta_2 \tag{7.5.6}$$

这里 θ_1, θ_2 和 θ_3 是由斯涅耳定律联系在一起的。如果用油浸物镜聚焦到组织样品上，这个表达式可以用来描述由折射率不匹配引起的球差效应。此时，$n_1 = 1.518$ (油)，$n_2 = 1.5$ (玻璃)，$n_3 = 1.33$ (样品)。

注意式 (7.5.6) 取决于第三种介质的焦点位置。如果 $h_2 = 0$(即焦点放在 n_2 和 n_3 之间的界面上)，则式 (7.5.6) 变为

$$\Phi(\theta_1) = d_{\mathrm{c}}\,(n_2 \cos\theta_2 - n_1 \cos\theta_1) \tag{7.5.7}$$

这里 d_{c} 是第二层的厚度。

特别地，如果 $n_1 = n_3$，(例如，如果使用水浸物镜)，式 (7.5.6) 变为

$$\Phi(\theta_1) = d_{\mathrm{c}}\,(n_2 \cos\theta_2 - n_1 \cos\theta_1) \tag{7.5.8}$$

在这种情况下，d_{c} 可以被认为是一个盖玻片的厚度 [7.7]。值得注意的是，式 (7.5.8) 与式 (6.6.13) 的形式相同，但含义完全不同；对于单界面结构，n_2 为式 (6.6.13) 中第二介质的折射率，而对于双界面结构，当第一介质和第三介质相同时，n_2 为第二介质的折射率。还可以注意到，式 (7.5.8) 与第三介质的焦点深度无关。因此，我们可以设计一个物镜，该物镜具有与式 (7.5.8) 符号相反的残留像差。这样的物镜现在已经商业化，可以用来获得覆盖在玻璃片上的厚组织样本的无像差图像。

如果 n_1 和 n_2 相差很小，式 (7.5.7) 和式 (7.5.8) 可化简为式 (7.5.4) 的形式，并可展开为式 (7.5.5) 给出的级数。

式 (7.5.8) 对共聚焦显微镜的影响已被详细研究 [7.7]。读者还可以通过将式 (7.5.7) 代入式 (6.6.22) 来计算物镜的衍射模式。

7.6 物镜管长变化导致的球差

成像过程中另一个产生球差的原因是物镜管长的变化。物镜的管长是物镜平面与其共轭像平面之间的距离。

为了获得物镜的最佳成像性能，人们设计了一种商用物镜以满足特定的管长。例如，在共聚焦显微镜中，设计中，物镜使用准直光束。换句话说，在共聚焦显微镜下，物镜的管长是无限的。在传统显微镜下，物镜的管长约为 160 mm。然而，如果一个物镜没有按其设计的管长进行操作，就会产生球差。对于一个满足正弦条件的商用物镜来说 (见 6.3.1 节)，物镜管长变化引起的球差可描述为 [7.8]

$$\varPhi_t(\theta_1) = -\frac{2\Delta z}{D^2}\sin^4(\theta_1/2) \tag{7.6.1}$$

根据我们的定义，它只包含一个初级球差项。Δz 和 D 分别是一个物镜在图像空间中的管长变化和放大倍数。

如果式 (6.6.27) 中的像差函数 $\varPhi$ 替换成 $\varPhi+\varPhi_t$，则我们可以最小化总像差对式 (6.6.22) 的影响。选择合适的系数符号和大小使两个像差源达到平衡条件。如果折射率失配较小，则可由考虑到六阶球差的式 (7.5.4) 和式 (7.2.8) 得到平衡条件，否则应考虑式 (7.5.3)。

图 7.6.1 给出由波长 760 nm、数值孔径为 0.85 的干物镜照射，平衡条件下折射率为 1.59 的光致变色聚合物的衍射图样。这种情况下的平衡条件是 [7.6]

$$\frac{2\Delta z}{D^2} = 1.4d \tag{7.6.2}$$

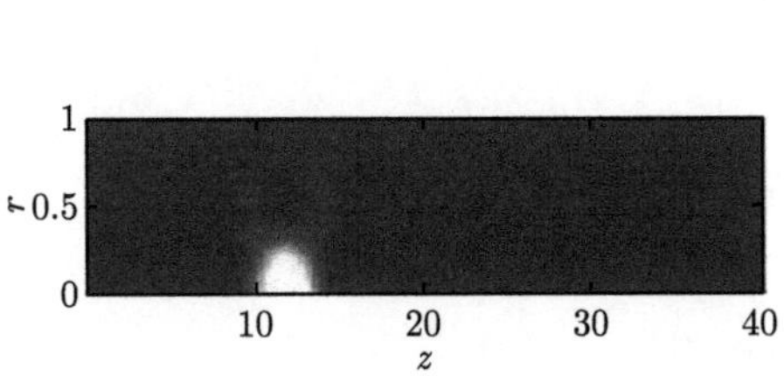

图 7.6.1 数值孔径为 0.85 的干物镜在平衡条件下在 r-z 平面 (微米尺度) 的衍射图样

Δz 的正平衡值表示增加管长，以补偿气–聚合物界面引起的球差 [7.6]。需要注意的是，为了达到最佳的平衡效果，管长的变化应该与物镜焦点的深度成正比。

实际上可以通过在物镜前面插入一个正透镜或负透镜来改变物镜的管长。如果插入透镜的位置发生相应的改变，则由其他原因引起的像差可以得到补偿。

最后，需要指出的是，对于满足正切条件的目标，管长变化引起的像差函数 [7.7] 为

$$\Phi_t(\theta_1) = -\frac{\Delta z}{D_2}\tan^2(\theta_1) \tag{7.6.3}$$

可以展开成一个级数形式：

$$\Phi_t(\theta_1) = -\frac{3\Delta z}{D^2}\left[4t^2/3 + 4t^4 + 32t^6/3 + \cdots + 2^n(n-1)t^{2n}/3 + \cdots\right] \tag{7.6.4}$$

参考文献

[7.1] M. Gu, *Principles of Three-Dimensional Imaging in Confocal Microscopes* (World Scientific, Singapore, 1996).

[7.2] M. Born and E. Wolf, *Principles of Optics* (Pergamon, New York, 1980).

[7.3] P. Török, P. Varga, Z. Laczik, and G. R. Booker, *J. Opt. Soc. Am. A*, 12 (1996) 325.

[7.4] P. Török and P. Varga, *Applied Optics*, 36 (1997) 2305.

[7.5] P. Ke and M. Gu, *J. Modem Optics*, 45 (1998) 2159.

[7.6] D. Day and M. Gu, *Applied Optics*, 37 (1998) 6299.

[7.7] C. J. R. Sheppard and M. Gu, *Applied Optics*, 30 (1991) 3563.

[7.8] C. J. R. Sheppard and M. Gu, *J. Modem Optics*, 40 (1993) 1631.

附录 A　傅里叶变换

本附录给出了一维、二维和三维傅里叶变换的定义以及它们的性质。

A.1　一维傅里叶变换

一维函数 $f(x)$ 的傅里叶变换 $F(m)$ 定义为

$$F(m)=\int_{-\infty}^{\infty} f(x)\exp(-2\pi\mathrm{i}mx)\mathrm{d}x \tag{A.1.1}$$

其中，m 是傅里叶空间的一个变量，通常称作傅里叶空间频率。如果 x 是空间域的变量，m 就称为空间频率。如果 x 表示时间，那么 m 就是时间频率，表示光学中光的颜色或声学中声音的音调。

在本书中，我们将式 (A.1.1) 称为傅里叶逆变换，因为指数中出现了一个负号。式 (A.1.1) 可以写作

$$F(m)=F^{-1}\{f(x)\} \tag{A.1.2}$$

其中，F^{-1} 代表式 (A.1.1) 中的傅里叶逆变换。

因此，这种情况下的直接傅里叶变换为

$$f(x)=\int_{-\infty}^{\infty} F(m)\exp(2\pi\mathrm{i}mx)\mathrm{d}m \tag{A.1.3}$$

可以写为

$$f(x)=F\{F(m)\} \tag{A.1.4}$$

将式 (A.1.2) 代入式 (A.1.4) 得到

$$f(x)=FF^{-1}\{f(x)\} \tag{A.1.5}$$

因此我们有如下的统一关系：

$$FF^{-1}=1 \tag{A.1.6}$$

这意味着对一个函数 $f(x)$ 进行傅里叶变换和傅里叶逆变换后，函数不会发生变化。

利用 $\exp(\mathrm{i}x) = \cos x + \mathrm{i}\sin x$ 和式 (A.1.1)，可以得到

$$F(m) = A(m) - \mathrm{i}B(m) \tag{A.1.7}$$

其中，

$$\begin{cases} A(m) = \displaystyle\int_{-\infty}^{\infty} f(x)\cos(2\pi mx)\mathrm{d}x \\ B(m) = \displaystyle\int_{-\infty}^{\infty} f(x)\sin(2\pi mx)\mathrm{d}x \end{cases} \tag{A.1.8}$$

A.2 二维傅里叶变换

相似地，二维函数 $f(x,y)$ 的直接傅里叶变换和傅里叶逆变换可以分别表示为

$$f(x,y) = \int_{-\infty}^{\infty} F(m,n)\exp\left[2\pi\mathrm{i}(mx+ny)\right]\mathrm{d}m\mathrm{d}n \tag{A.2.1}$$

和

$$F(m,n) = \int_{-\infty}^{\infty} f(x,y)\exp\left[-2\pi\mathrm{i}(mx+ny)\right]\mathrm{d}x\mathrm{d}y \tag{A.2.2}$$

若 x 和 y 是空间坐标，令 $k_x = 2\pi m$，$k_y = 2\pi n$，那么式 (A.2.2) 中的指数 $\exp\left[-2\pi\mathrm{i}(mx+ny)\right]$ 表示一个平面波。这里 k_x 和 k_y 是波矢 k 在 x 和 y 方向上的分量，即

$$k_x^2 + k_y^2 = k = \frac{2\pi}{\lambda} \tag{A.2.3}$$

其中，λ 为光波波长。换句话说, 一个空间函数的傅里叶逆变换相当于将函数分解为一系列沿不同方向传播的平面波，直接傅里叶变换意味着原函数是由这些具有特定权重的平面波叠加得到。

A.3 三维傅里叶变换

三维函数 $f(x,y,z)$ 的直接傅里叶变换和傅里叶逆变换可以分别表示为

$$f(x,y,z) = \int_{-\infty}^{\infty} F(m,n,s)\exp\left[2\pi\mathrm{i}(mx+ny+sz)\right]\mathrm{d}m\mathrm{d}n\mathrm{d}s \tag{A.3.1}$$

和

$$F(m,n,s) = \int_{-\infty}^{\infty} f(x,y,z)\exp\left[-2\pi\mathrm{i}(mx+ny+sz)\right]\mathrm{d}x\mathrm{d}y\mathrm{d}z \tag{A.3.2}$$

根据 A.2 节中的讨论，式 (A.3.2) 的指数代表波矢分量为 k_x，k_y，k_z 的平面波。其中，

$$\begin{cases} k_x = 2\pi m \\ k_y = 2\pi n \\ k_z = 2\pi s \end{cases} \tag{A.3.3}$$

如果 $2\pi(mx + ny + sz)=$ 常数 $=A$，那么这个方程给出了一系列平行平面。这些平面的相位是常数。如果 $A = 2\pi j(j = 0, \pm 1, \pm 2, \cdots)$, 那么两个相邻平面的相位差为 2π (图 A.3.1)。根据式 (A.3.3)，x, y, z 轴的空间周期分别为

$$\begin{cases} \lambda_x = \dfrac{2\pi}{k_x} = \dfrac{1}{m} \\ \lambda_y = \dfrac{2\pi}{k_y} = \dfrac{1}{n} \\ \lambda_z = \dfrac{2\pi}{k_z} = \dfrac{1}{s} \end{cases} \tag{A.3.4}$$

如我们所料，m、n 和 s 分别对应于 x、y 和 z 方向的空间频率。空间频率矢量 $\boldsymbol{m}$ 可以由三个分量 m、n 和 s 引入。因此三维直接傅里叶变换和傅里叶逆变换的紧凑形式可以分别表示为

$$f(\boldsymbol{x}) = \int_{-\infty}^{\infty} F(\boldsymbol{m}) \exp{(2\pi \mathrm{i} \boldsymbol{m} \cdot \boldsymbol{r})} \mathrm{d}\boldsymbol{m} \tag{A.3.5}$$

和

$$F(\boldsymbol{m}) = \int_{-\infty}^{\infty} f(\boldsymbol{r}) \exp{(-2\pi \mathrm{i} \boldsymbol{m} \cdot \boldsymbol{r})} \mathrm{d}\boldsymbol{r} \tag{A.3.6}$$

其中，矢量 $\boldsymbol{r}$ 具有 x、y 和 z 三个分量。

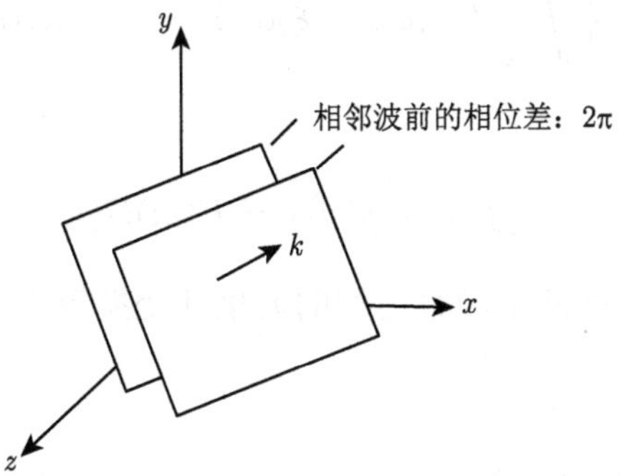

图 A.3.1　对应式 (A.3.1) 中指数的平面波

A.4　傅里叶变换定理

本节我们给出傅里叶变换定理，但没有给出推导过程。这些定理是在一维情况下给出的，但是定理的二维和三维形式可以很容易推出。

(a) 相似性定理

若 $F(m)=F\{f(x)\}$，那么

$$F\{f(ax)\}=\frac{1}{|a|}F\left(\frac{m}{a}\right) \tag{A.4.1}$$

这意味着空间坐标的“伸展”导致频域坐标的压缩，加上频谱因子为 $1/|a|$ 的变化。

(b) 相移定理

若 $F(m)=F\{f(x)\}$，那么

$$F\{f(x\cdot a)\}=F(m)\exp(-2\pi\mathrm{i}ma) \tag{A.4.2}$$

这意味着一个函数在 x 空间的平移会导致傅里叶空间的线性相移。

(c) 帕塞瓦尔定理

若 $F(m)=F\{f(x)\}$，那么

$$\int_{-\infty}^{\infty}|f(x)|^2\mathrm{d}x=\int_{-\infty}^{\infty}|F(m)|^2\mathrm{d}m \tag{A.4.3}$$

这是物理学中能量守恒的一个表述。

(d) 卷积定理

若 $F(m)=F\{f(x)\}$ 以及 $G(m)=F\{g(x)\}$，那么

$$F\left\{\int_{-\infty}^{\infty}f(\xi)g(x-\xi)\mathrm{d}\xi\right\}=F(m)G(m) \tag{A.4.4}$$

或者

$$F\{f(x)\otimes g(x)\}=F(m)G(m) \tag{A.4.5}$$

这个定理意味着 x 空间两个函数卷积的傅里叶变换等价于它们相应傅里叶变换的乘积。

(e) 自相关定理

若 $F(m)=F\{f(x)\}$，那么

$$F\left\{\int_{-\infty}^{\infty} f(\xi)f^*(\xi - x)\mathrm{d}\xi\right\} = |F(m)|^2 \tag{A.4.6}$$

或者

$$F\left\{|f(x)|^2\right\} = \int_{-\infty}^{\infty} F(\xi)F^*(\xi - m)\mathrm{d}\xi \tag{A.4.7}$$

值得注意的是，自相关定理是卷积定理 $g(x) = f^*(-x)$ 时的一个特例。

附录 B　汉克尔变换

本附录讨论二维傅里叶变换的一种特殊形式：汉克尔变换。

我们首先讨论笛卡儿坐标系下的二维傅里叶变换：

$$F(m,n)=\iint_{-\infty}^{\infty} f(x,y)\exp\left[2\pi\mathrm{i}(xm+yn)\right]\mathrm{d}x\mathrm{d}y \tag{B.1.1}$$

汉克尔变换是极坐标下的二维傅里叶变换。如果采用坐标变换：

$$\begin{cases} x=r\cos\varphi \\ y=r\sin\varphi \end{cases} \tag{B.1.2}$$

和

$$\begin{cases} m=l\cos\psi \\ n=l\sin\psi \end{cases} \tag{B.1.3}$$

函数 $f(x,y)$ 可以用函数 $f(r,\phi)$ 表示。其中 r 和 φ 为 x-y 平面的极坐标，l 和 ψ 为 m-n 平面的极坐标。因此式 (B.1.1) 可以重写为

$$F(l,\theta)=\int_0^{2\pi}\int_0^{\infty} f(r,\phi)\exp\left[2\pi\mathrm{i}rl\cos(\varphi-\psi)\right]r\mathrm{d}r\mathrm{d}\varphi \tag{B.1.4}$$

对于圆对称系统，$f(r,\phi)=f(r)$。因此, $f(r)$ 的傅里叶变换也是圆对称的，可以用 $F(l)$ 表示。最后，式 (B.1.4) 可以简化为

$$F(l)=\int_0^{\infty} f(r)\mathrm{J}_0(2\pi rl)2\pi r\mathrm{d}r \tag{B.1.5}$$

该式称为汉克尔变换，在这个表达式中 J_0 是零阶第一类贝塞尔函数，表达式为

$$\mathrm{J}_0(x)=\frac{1}{2\pi}\int_0^{2\pi}\exp(\pm\mathrm{i}x\cos\varphi)\mathrm{d}\varphi \tag{B.1.6}$$

若 $f(r)$ 是半径 a 内的单值函数，即

$$f(r)=\begin{cases} 1, & r\leqslant a \\ 0, & r>a \end{cases} \tag{B.1.7}$$

则使用恒等式：

$$\int_0^x x_0 \mathrm{J}_0(x_0)\mathrm{d}x_0 = x\mathrm{J}_1(x) \tag{B.1.8}$$

可以得到式 (B.1.5) 的解析式：

$$F(l) = \pi a^2 \left[\frac{2\mathrm{J}_1(2\pi al)}{2\pi al}\right] \tag{B.1.9}$$

其中，$\mathrm{J}_1(x)$ 为一阶第一类贝塞尔函数。图 B.1.1 给出了前五阶的第一类贝塞尔函数。函数 $2\mathrm{J}_1(x)/x$ 如图 B.1.2 所示，也称为艾里 (Airy) 函数。

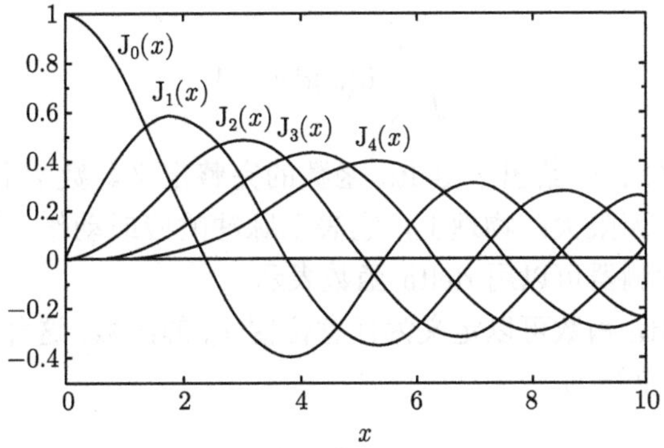

图 B.1.1 前五阶第一类贝塞尔函数：$\mathrm{J}_0(x)$，$\mathrm{J}_1(x)$，$\mathrm{J}_2(x)$，$\mathrm{J}_3(x)$，$\mathrm{J}_4(x)$

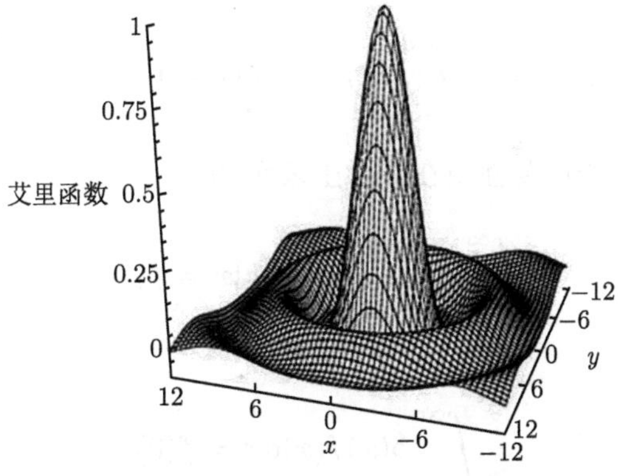

图 B.1.2 艾里函数 $2\mathrm{J}_1(r)/r$：二维特性

附录 C Delta 函数

本附录总结了 delta 函数的主要特性。一维问题中，$\delta(x)$ 函数定义为

$$\delta(x)=\begin{cases}\infty, & x=0\\ 0, & x\neq 0\end{cases} \tag{C.1.1}$$

和

$$\int_{-\infty}^{\infty}\delta(x)\mathrm{d}x=1 \tag{C.1.2}$$

式 (C.1.1) 和式 (C.1.2) 给出了 delta 函数的完整定义。数学上，delta 函数表示原点 ($x=0$) 处的无限大；物理上，它表示脉冲响应或动作。例如，在光学成像中，点光源或点探测器可以用 delta 函数表示。

一般来说，delta 函数可以定义为任意位置 x_0 的函数。这种情况下，式 (C.1.1) 和式 (C.1.2) 可以重写为

$$\delta(x-x_0)=\begin{cases}\infty, & x=x_0\\ 0, & x\neq x_0\end{cases} \tag{C.1.3}$$

和

$$\int_{-\infty}^{\infty}\delta(x-x_0)\mathrm{d}x=1 \tag{C.1.4}$$

delta 函数的一个重要性质在数学上表示为

$$\int_{-\infty}^{\infty}\delta(x-x_0)f(x)\mathrm{d}x=f(x_0) \tag{C.1.5}$$

或者

$$\int_{-\infty}^{\infty}\delta(x)f(x)\mathrm{d}x=f(0) \tag{C.1.6}$$

这一性质意味着 delta 函数与任意函数 $f(x)$ 乘积的积分相当于取函数 $f(x)$ 在 $x=x_0$ 处的值，如果 $f(x)$ 表示一个物理量，则式 (C.1.5) 表示物理量在 x_0 处的取值。

现在，我们假设 $f(x)$ 是 $\exp(-2\pi\mathrm{i}mx)$。根据式 (A.1.5)，可以得到 delta 函数的傅里叶逆变换为

$$F(m)=\int_{-\infty}^{\infty}\delta(x-x_0)\exp(-2\pi\mathrm{i}mx)\mathrm{d}x=\exp(-2\pi\mathrm{i}x_0) \tag{C.1.7}$$

根据式 (A.1.3) 中直接傅里叶变换的定义，delta 函数可以表示为如下积分形式：

$$\delta(x-x_0)=\int_{-\infty}^{\infty}\exp\left[2\pi\mathrm{i}m(x-x_0)\right]\mathrm{d}m \tag{C.1.8}$$

delta 函数可以用一系列正态函数的极限形式来表示。下面是极限形式的两个例子：

$$\delta_a(x)=\sqrt{\frac{a}{\pi}}\exp(-ax^2),\quad a\to 0 \tag{C.1.9}$$

和

$$\delta_a(x)=\frac{a}{\pi}\mathrm{sinc}(ax),\quad a\to 0 \tag{C.1.10}$$

其中，

$$\mathrm{sinc}(x)=\frac{\sin x}{x} \tag{C.1.11}$$

上述定义和讨论也适用于二维和三维情况。

索　引